JN009183

はじめに

修学旅行は学校生活のなかで楽しい行事のひとつである。1880年代（明治年間）に歴史が遡る修学旅行も戦中期には中止されたが、戦後の混乱も落ち着きを見せはじめた1950年前後には多くの困難を克服して再開した。東京都在校の修学旅行は京都・奈良、京阪神在校は東京が、それぞれ目的地の大多数を占めるが、東海道本線の線路容量に余裕がないうえに多客期の春期・秋期に集中するため、修学旅行用に設定される臨時列車は混雑が甚だしく、通路のゴロ寝や３人掛は当たり前とされていた。

このような輸送事情改善のため1952（昭和27）年に日本修学旅行協会が設立され、東京・京阪神地区を中心とした各学校の旅行日程を定めて計画輸送を実現する気運が高まっていた。1957～58年度にかけて東京・京阪神地区で試行された計画

輸送がきっかけとなって、修学旅行専用電車の実現に向けて関係者間で協議がすすめられ、東京・京阪神地区用の155系が1959年４月から、中京地区用の159系が61年４月から運転を開始した。

155・159系は子どもたちの夢を乗せた修学旅行専用電車として、シーズンオフにはスキー客や行楽客を乗せた臨時電車として、東海道をはじめとする各地の直流電化区間を駆け抜けた。残念ながら両系列とも1980年代前半に全車廃車されてしまったが、生徒たちに楽しい旅行ができるように細やかな配慮が行き届いた修学旅行電車の車体設備や明るい外部色は、以後誕生する中長距離電車に多大な影響を与えた。鉄道愛好家だけでなくベビーブーマー世代に修学旅行の思い出の一コマを刻んだ155・159系の足跡をつづっていくことにしたい。

袋井駅を通過する155系修学旅行電車「ひので」。トンネル断面の小さい路線への乗入れを考慮した低屋根設計がよく分かるアングルである。両側の側線に停車している貨物列車が鉄道全盛時代を感じさせる。
1962.4.29　袋井　P：荻原二郎

■修学旅行電車デザイン案　　所蔵：福原俊一

1. 155系　新製時の概要

1.1　誕生のいきさつ

修学旅行の輸送改善のため1957（昭和32）～58年度にかけて東京・京阪神地区で試行された計画輸送は、従来のような混雑も無く、とりわけ山陽本線電化用に増備した80系湘南形を先行使用して1958年６月に東京地区で実施された計画輸送は往路が特急、復路が夜行急行並みの速度で運転されたこともあって、生徒はもとより引率の先生・保護者から好評を博した。この計画輸送がきっかけとなって、修学旅行専用電車の実現に向けて関係者間で協議が進められるようになった。国鉄は修学旅行関係者で利用債を引受けるならば可能との好意ある回答を示した。利用債は利益を受ける団体が債券を引き受ける非公募債の一種で、車両関係では1950年代に全国各地に増発されたディーゼル準急の多くが利用債でまかなわれていた。

「当時の国鉄は車両の発注に使える予算に限りがあったのですが、利用債による資金の収支はある程度自由がきいて大蔵省からも比較的簡単に認められる。そんな事情もありました」と後年に旅客局長などの要職を歴任し、修学旅行輸送にもかかわった須田　寛さんは当時の事情を語った。国鉄は修学旅行専用車両を使って春期と秋期に集約臨を運転する、一方では日本修学旅行協会が事務局となって専用列車に均等に乗車する計画輸送を行うという構想で、定員乗車が実現できて輸送面での心配はなくなるうえに旅館の確保も容易にできる。しかも資金を提供する学校側としては、国鉄から支払われる利用債と同じ利子で金融機関に融資してもらえれば、理論的には１円の支出もなく、この計画が実現できることを意味していた。

こうして利用債引受け団体の東京都修学旅行委員会及び京阪神修学旅行委員会が結成され、前者が三菱銀行、後者が住友・三和・大和・京都・神戸の５銀行（名称はいずれも当時）の好意的な低利息での融資により、それぞれ12両１編成分２億4000万円の利用債を引き受け、修学旅行専用電車が実現することになった。銀行側としては莫大な旅行積立金が担保されるというメリットもあったようだが、そんな生臭いそろばん勘定以前に銀行をはじめとする関係者のいずれもが子を持つ親である。子供たちに楽しい旅行をさせたいという思いは同じだった。「利用債に関連した難しい手続き上の問題も、運転ダイヤを作ることも、また新製車両の細かい設計も、すべてが中学生に楽しい旅行をさせたいという大人たちの愛情により、極めて好都合に進展しました」と、修学旅行専用電車が完成したときの中学生向けの紹介記事につづられた一文に関係者の思いがこめられている、こうして世界にも例を見ない修学旅行専用電車が実現する運びになったのである。

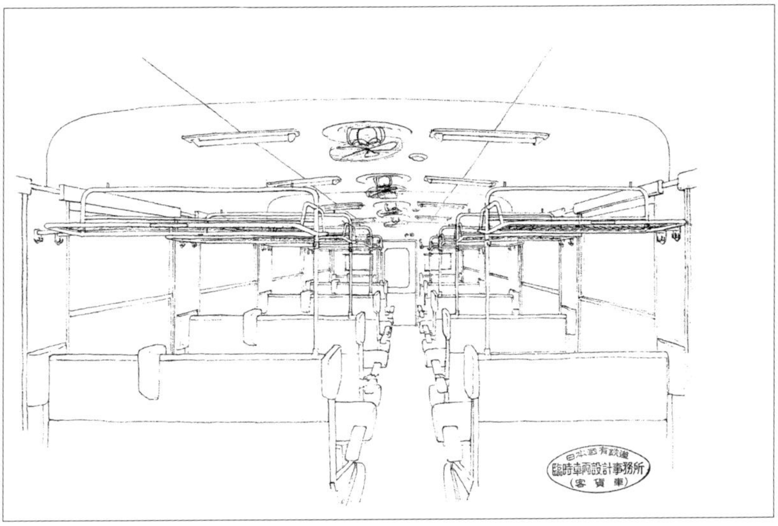

■修学旅行電車客室内見通し
所蔵：福原俊一

1.2 概要及び性能

修学旅行電車の設計は国鉄臨時車両設計事務所の星見さんをリーダーに、日本車輌東京支店と汽車会社東京製作所のメンバーでスタートした。利用債の引受けが決定して設計に着手できたのが1958(昭和33) 年夏のこと、翌年の春期輸送に間に合わせるには、乗務員訓練など諸準備から逆算すると59年３月までに完成させなければならない。既に設計が完了している電車を製作するだけでも10ヶ月はかかることを考えるまでもない厳しいスケジュールだったため、設計会議が容易に開催できる在京メーカのメンバーでという意味合いもあった。

修学旅行電車は、既に就役していた東海形の基本構造を継承し、主回路システムだけでなく最高許容速度などの性能面も東海形と同一としているが、修学旅行関係者の意見や要望を全面的に取り入れた設備の実現に向けて設計が進められた。当時の修学旅行の輸送実

修学旅行電車の車内。荷物棚上部の車体長手方向にスキー道具を載せることを考慮して、支持パイプ上部の通路寄りにストッパー（突起）が設けられている。またスキー道具による破損防止のため、客室蛍光灯には当時はこだま形等優等車両に限られていたグローブ(ただし照度低下を防ぐため透明アクリル)が設けられている。通路側の荷物棚支持パイプにはカメラ掛けが見える。
P提供：日本車輌製造

■修学旅行電車形式図案　　所蔵：福原俊一

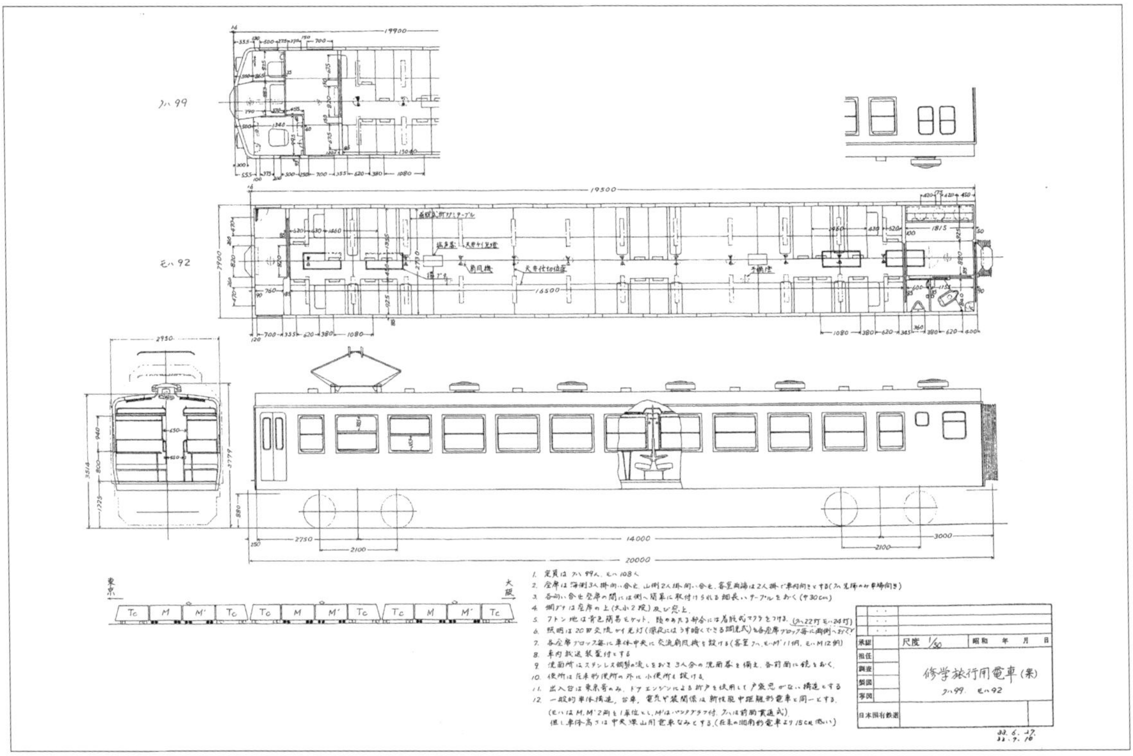

態から１両あたりの座席定員は約100名を確保したいと要望され、星さんは車両レイアウトの構想にかかった。当初は側出入口に戸袋を作らないでよい折戸とし、なおかつ定員制の運用が主体のため1扉とする案を検討したが、修学旅行電車はシーズンオフにスキー列車などの行楽臨時電車に使うことがあらかじめ決められていた。その運用を考えると出入口は２ヶ所必要だったことから、星さんは広くなった車体幅を活用した。

「東海形では80系湘南形に比べて広くなったスペースを活用してシート幅をゆったりさせましたが、修学旅行電車ではこのスペースで１名分のシートを作ろうと考えました。片側のクロスシートを３人掛けとすることで、１両あたりの座席定員100名を確保したのです」と、星さんは語った。シート数が多くなったので、荷物棚もスペースを多くするためシートと同じ横手方向(まくらぎ方向)に設けたが、これはヨーロッパの旅客車で一般化していた方式を試みたという。２人掛シートの荷物棚も形態を揃える意味から横手方向に設けたとのことだった。

修学旅行は学習の一環であるという建前から、クロスシートには窓下テーブルに連結する大きな折畳み式のテーブルが取付けられた。勉強したり、場合によってはトランプで遊んだりできるようにという星さんらしい配慮だった。このテーブルはシーズンオフの臨時

左は３人掛腰掛、右は２人掛腰掛(いずれもテーブル装着時)。３人掛腰掛では頭もたれが中間にも設けられた。荷物棚は横手方向に設けられている。
1959.3.25　P提供：日本車輛製造

折り畳み式テーブルを上方へ跳ね上げたところ。　P提供：星　晃

電車で使うときを考えて着脱可能になっているが、清掃時には上方へ跳ね上げて荷物棚に吊下げられるようにした。

「私がヨーロッパに出張していたとき、ドイツの旅客車でテーブルを上に跳ね上げて清掃しているところを見ました。『これはうまい方法だな』と当時は思ったのですが、それを修学旅行電車で採用したのです」と星さんは語った。

修学旅行では急病人がつきものである。急病人が発生した場合を考慮して休養室が欲しいと、修学旅行関係者から要望が寄せられていた。現在の特急電車のように専用の多目的室を設けるスペースはないことから、車端部シートの1区画に着脱可能な吊下式の仕切カーテンと蛍光灯の遮光板を取付け、脚の付いた腰掛ふとんを腰掛の間にはめこんでベッドとして使える休養室が用意された。

カーテンや腰掛フトンを取付けて休養室として使えるようにしたところ。上部には蛍光灯に取付けた遮光板が見える。
P提供：星　晃

■155系荷物棚　所蔵：福原俊一

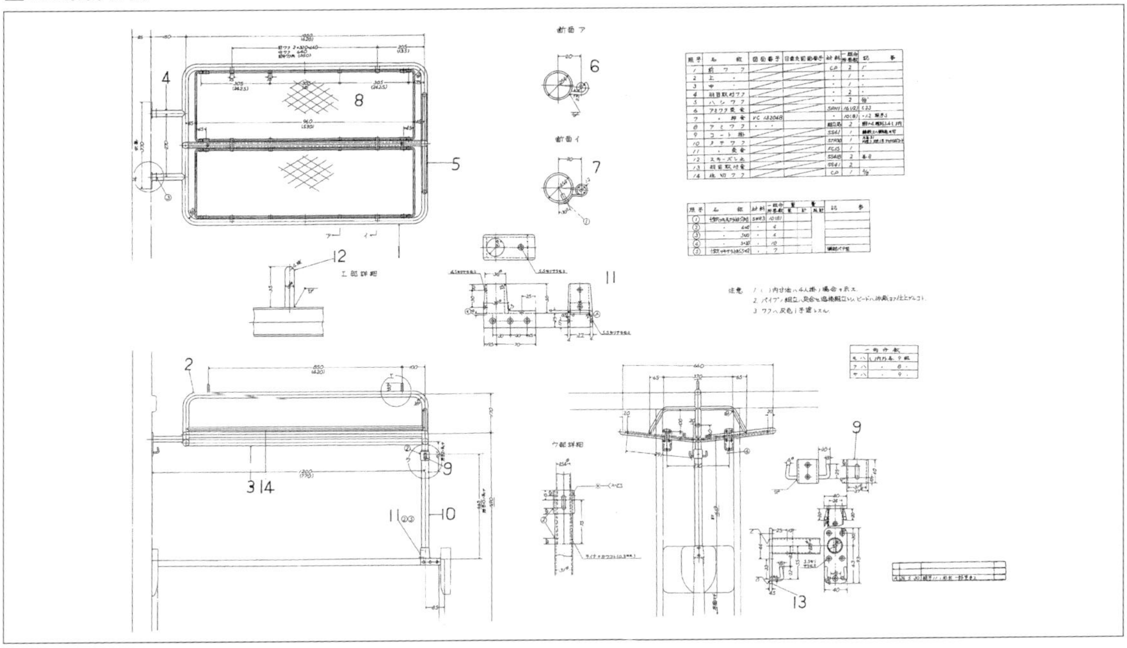

■表1-1　155系主要諸元

形式番号・略号（カッコは旧形式番号）		モハ155（モハ82奇数番号車）M	モハ154（モハ82偶数番号車）M'	クハ155（クハ89）TC	サハ155（サハ88）T
電気方式		直流1500V			
最高運転速度（km/h）		110			
定員（座席）		104	104	94	104
自重（t）		35.6	35.6	29.9	28.1
車体	構体	鋼製			
	連結面間長さ(mm)	20000			
	車体幅(mm)	2900			
	屋根高さ(mm)	3514			
	パンタ折り畳み高さ(mm)	–	3970	–	–
	床面高さ(mm)	1225			
台車	方式	コイルばね			
	形式	DT21B		TR62	
	歯数比	19:80＝4.21		–	
制御方式		直並列抵抗制御・弱界磁励磁			
性能（電動車1組の定格）	出力（kW）	775			
	速度（km/h）	68（70%界磁）			
	引張力（kg）	4200（70%界磁）			
主電動機	方式	直流直巻			
	最弱め界磁率（%）	40			
	駆動方式	中空軸平行カルダン			
	形式	MT46A			
パンタグラフ	枠組み		菱形		
	形式		PS16		
主制御器	方式	電動カム軸式			
	形式	CS12A			
主抵抗器	方式	強制風冷式			
	形式	MR16			
補助電源装置	方式	MG			
	出力（種別・電圧）	交流100V			
	出力（kVA）	5			
	形式	MH81-DM44			
電動空気圧縮機	方式			V形2シリンダ	
	形式			MH80-C1000	
ブレーキ方式		発電ブレーキ併用電磁直通ブレーキ			
記事					

修学旅行電車は前述のように利用債で製作、言い換えればその枠内で製作しなければならなかった。ちなみに当時の東海形12両編成の製作費は合計２億4050万円、修学旅行電車用設備のコスト増加分を考えると数百万円の足が出る計算だった。

「東海形では乗心地の良い空気ばね台車を使ったのですが、修学旅行電車は製作費を節約しなければなりません。このためモハ90形（後の101系）に使ったものと同様なコイルばね台車を使ったり、通風器も通勤電車と同じ構造のものを使ったりしました」は、コストダウンに腐心した星さんの思い出である。修学旅行電車は下記の12両編成とし、４両単位で施行される定期検査時はどの４両を外しても必ずクハが先頭になるように配慮された。それなら、Tc M M' Tc × 3 の12両編成にすれば良いではないかと思うかもしれないが、運転室の有無は製作費に影響するための苦心の結果だった。かくして修学旅行電車12両編成は２億3728万円で決算され、利用債の予算枠に収めることができたのである。

ところで初期の新性能電車（モハ90形以降の新標準設計に基く電車群）の形式称号は、1953年制定の称号規程に準拠した「５桁ナンバー」が当初は付与されてい

■155系編成例

東　京←　　　　→京都・大阪・神戸

Tc	M	M'	T	+	Tc	M	M'	Tc	+	T	M	M'	Tc

た。修学旅行電車は80番代が付与され、電動車はモハ82形(東海形同様M車が奇数番号車、M'車が偶数番号車)が、付随車についてはクハ89・サハ88形が付与されたが、修学旅行電車第1陣が落成した3ヶ月後の1959年6月に新性能電車を主体とした形式称号改正が実施された。修学旅行電車の形式数字は中長距離用直流電車の区分である150番代となり、こだま形・東海形に続いて155系が付与され、表1-1のようにモハ155・モハ154などの形式番号に改番された。

クハ82形(クハ82002、後のクハ155-2)の正面。前面窓のパノラミックウィンドウは東海形(後の153系)より踏襲された。
1959.3.11　平塚　P：荻原二郎

1.3　車体及び車体設備

修学旅行電車の車体設備は、前述の通り東海形を基本に修学旅行関係者の意見や要望を国鉄側が全面的に取り入れて修学旅行輸送向きに設計されている。シーズンオフ時にトンネル断面の小さい笹子トンネルや小仏トンネルが介在する中央本線へ臨電として乗入れる運用を考慮して、低屋根が採用されている。修学旅行電車の少し前に誕生したモヤ94000(後のクモヤ791)では交流機器の絶縁距離を確保するためパンタグラフ取付部のみ低屋根とする設計が初めて試用されたが、修学旅行電車では従来のモハ71と同様に全体を低屋根とした構造が採用されている。なぜクモヤ791のような形状にしなかったのか、星さんにお聞きしたところ「修学旅行電車を設計した当時は全体を低屋根とした構造が当たり前だったのです。クモヤ791の部分低

モハ82011(→モハ155-6)。昭和33年度利用債発注の24両(表2-2参照)は「5桁ナンバー」で落成した。写真のモハ82011は後のモハ155-6で、前位寄り妻部の窓は東海形同様開閉可能になっている。
P提供：日本車輌製造

モハ82012(→モハ154-6)。後のモハ154形を前位寄りから見た公式写真。ユニットを組む相棒と連結するため、通常は解放される機会のない前位寄り妻面の形状がよく分かる。
P提供：日本車輌製造

屋根方式は客室内に圧迫感がないことから、後の401・421系やモハ100形800番代に採用しますが、それは後の話です」と経緯を語った。

従来の客車列車では停車駅で生徒が水を飲みにホームへ駆け出すことが多く、引率の先生にとって頭痛の種であった。修学旅行電車は自動ドアなのでその心配はないが、飲料水が補充できるように要望されたことから、出入台部のスペースが始終着駅での乗降時以外は空いていることを有効活用し、前位寄り出入台部に40リットルの飲料水タンク2個が、後位寄り出入台部には市販の金属製洗面器を2個配置した洗面所が設けられている。また東海形では洗面所が設けられていた3位側車端部のスペースを活用して男子用小便所が追設されている。定員増加に伴う混雑を考慮して和式便所を設けたかったが、そこまでのスペースがとれないので男子小便所を設けたと星さんは補足した(小便器はコストダウンの見地から市販品を使用)。以下に車体関係の主要点を示す。

クハ89001(→クハ155-1)。台枠下部覆い(スカート)がなく、低屋根となった形状が155系の特徴である。側窓には跳ね上げたテーブルが見える。
P：五十嵐六郎

サハ88001(→サハ155-1)。4位側(写真妻面の左側)に和式便所、3位側(写真妻面の右側)に男子小便所が設けられている。車体下部の三角形状の標記はジャッキ受けで、1957～1959年頃のごく短い期間に標記されていた。
P：五十嵐六郎

■モハ82(奇数)→モハ155形 形式図

所蔵：福原俊一

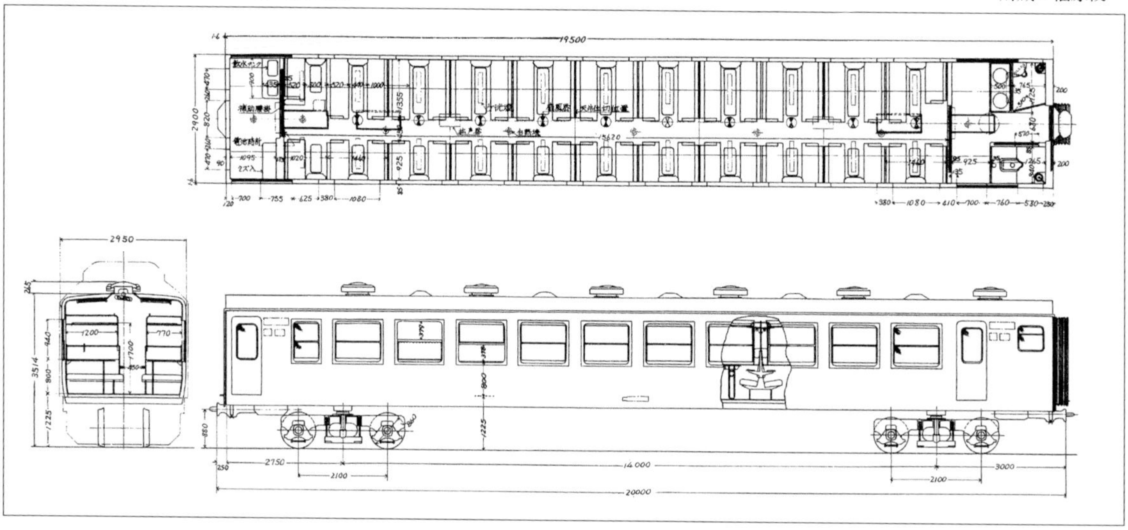

■モハ82(偶数)→モハ154形 形式図

所蔵：福原俊一

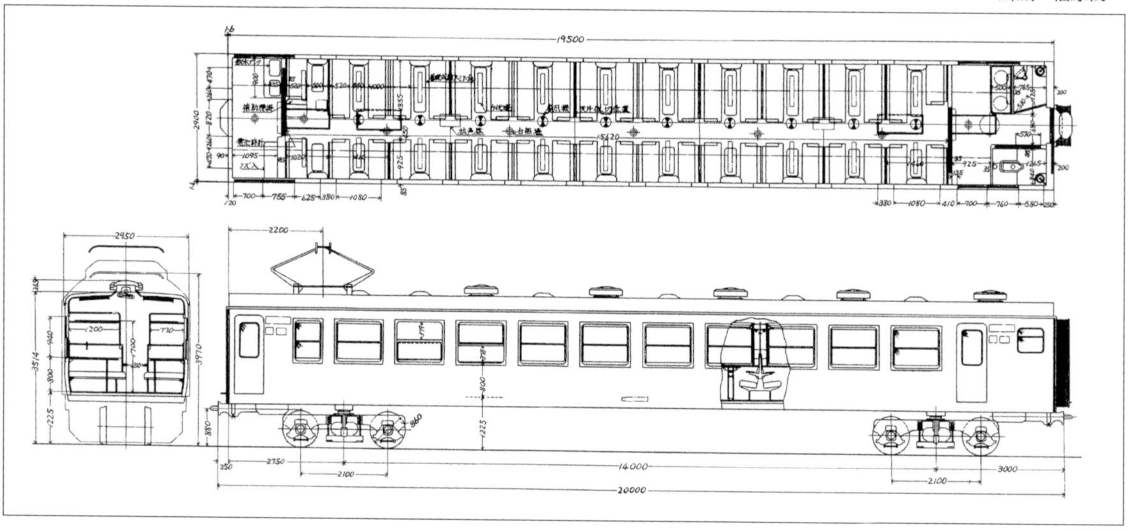

■モハ・サハ割付

所蔵：福原俊一

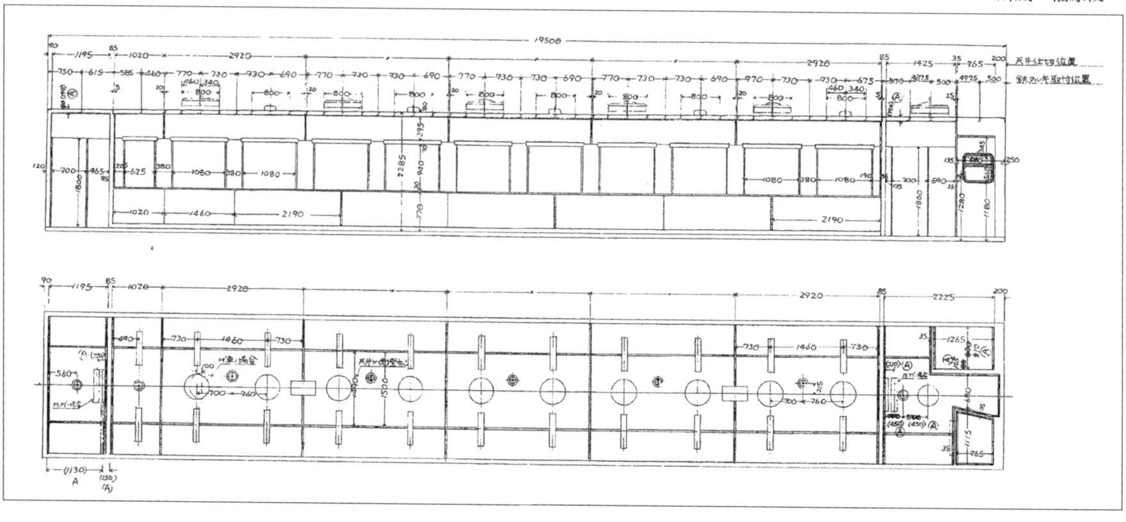

■クハ89→クハ155形 形式図

所蔵：福原俊一

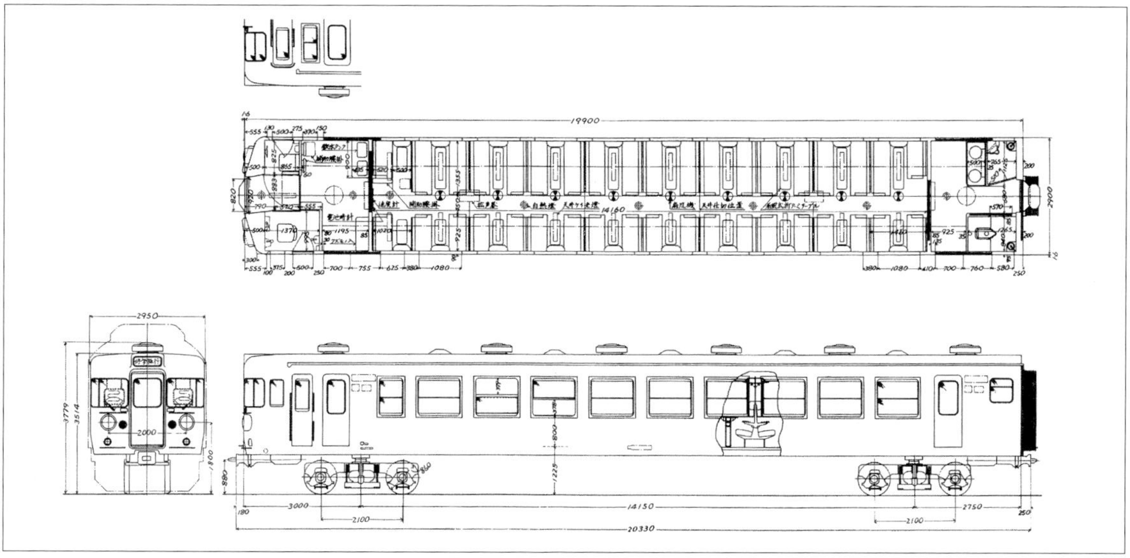

■サハ88→サハ155形 形式図

所蔵：福原俊一

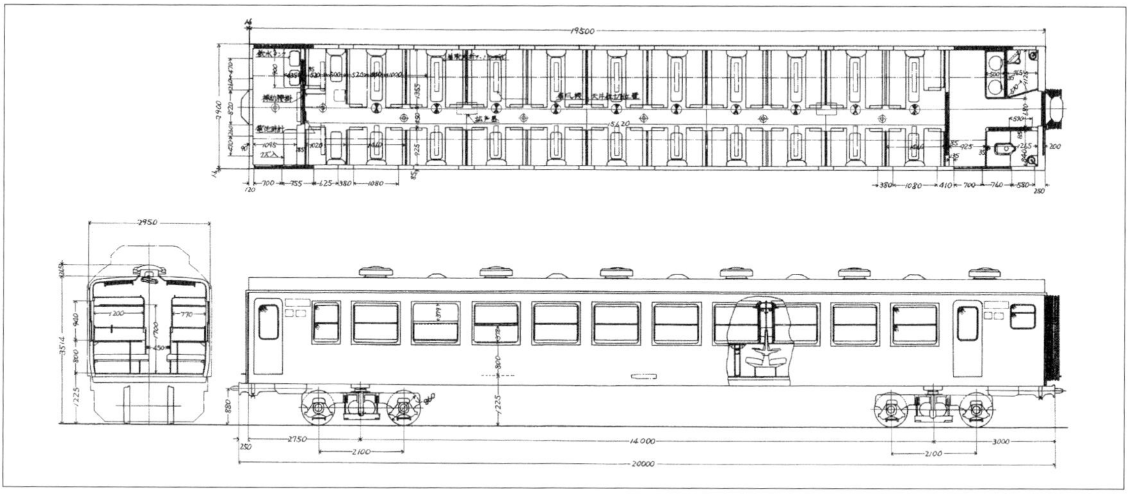

■クハ割付

所蔵：福原俊一

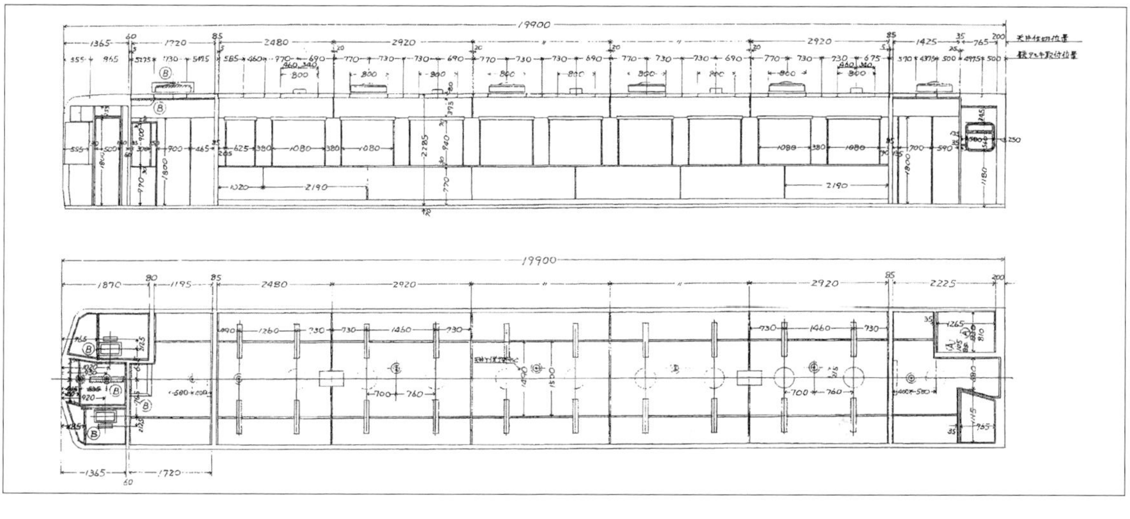

（左）前位寄り出入台部に設けられた飲料水タンク。容積は１台あたり40リットルであった。
P提供：星　晃

（右）後位寄り出入台部に設けられた洗面所。蛇口には水がはねない金具が取付けられている。
1959.3.25　P提供：日本車輌製造

（１）車体断面形状は東海形と同様に最大幅2900mmとして客室スペースを広くとり、第1種縮小限界に抵触しないよう車体側裾を絞った形状とし、屋根高さは3514mmの低屋根構造（東海形は3654mm）とした。構体は軽量形鋼と鋼板プレス物を溶接で組立てたナハ10形以来の準モノコックの軽量構造を踏襲した。

（２）客室内張はアルミベースのメラミンプラスチック化粧板を使用し、室内色は（当時の長距離用旅客車は落ち着いた感じのする暖色系を採用していたので）東海形と同様な薄茶色６号を基調とした。

（３）客室蛍光灯は透明アクリルのグローブ付20W蛍光灯各シートの区画ごとに取付けた。また夜行運転時の深夜減光灯を兼用する予備灯は15W白熱灯を６個（Tc車は５個）取付けた。

（４）客室側窓は、構体構造が簡易化できること、窓構造が構体と独立して製作できるため製作工程の調整が容易なことなどのメリットがある東海形と同様なユニット窓を採用した。また側出入口は定員制の運用が主体であることを考慮してこだま形と同一の幅700mmの引戸とした。

（５）シートは１・３位側を３人掛、２・４位側を２人掛けとし修学旅行電車の夜行運用を考慮してシートの背ずり両端及び３人掛の中間部に頭もたれを取付けた（当時の東海形は頭もたれがなく、急行形電車に頭もたれを取付けたのは昭和41年度落成車以降）。

（６）前位寄り車端部の１位側（３人掛側）には観光バスに見られる着脱可能な折り畳み式補助シートを取付けた。先生方の席としての使用を考慮して各形式とも室内中央に向かうように配置したほか、スキー臨電での運用時にはスキー道具を立て掛けら

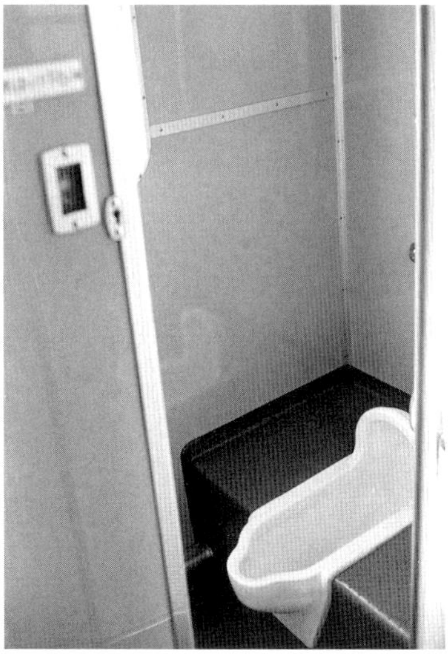

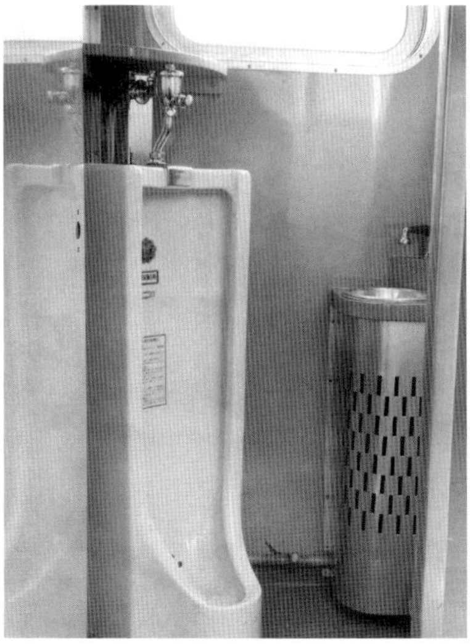

（左）155系の和式便器。
1959.3.25　P提供：日本車輌製造

（右）市販品を使用した男子小便所。この設計思想は後の新幹線０系電車に踏襲されるのである。　P提供：星　晃

■155系補助腰掛(客室)

所蔵：福原俊一

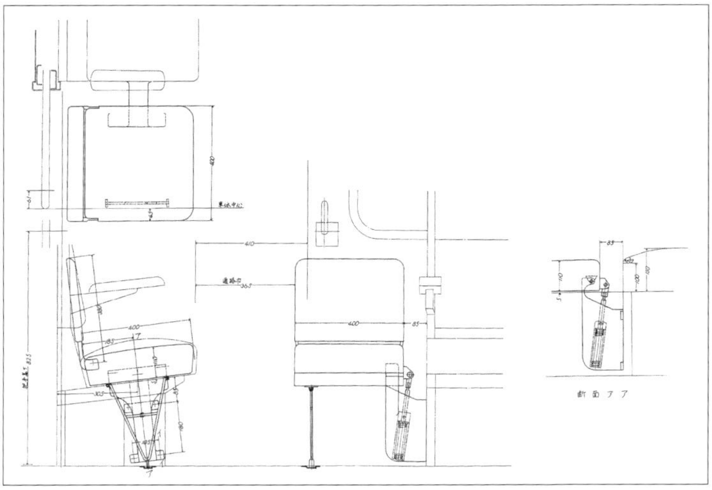

前位寄り車端部に設けられた着脱可能な折り畳み式補助腰掛。　P提供：福原俊一

れるよう、シートは着脱可能とした。

(7)扇風機は座席区画ごとに取付け、低屋根構造を考慮して扇風機は天井をへこませて(このため屋根上には通風器との中間に扇風機取付用の円錘形状の突起を設けて)取付けた。

天井に並ぶ扇風機。国鉄電車に新製時から扇風機配線が施行されたのは昭和30年度落成車以降である。
1959.3.25　P提供：日本車輌製造

■155系腰掛

所蔵：福原俊一

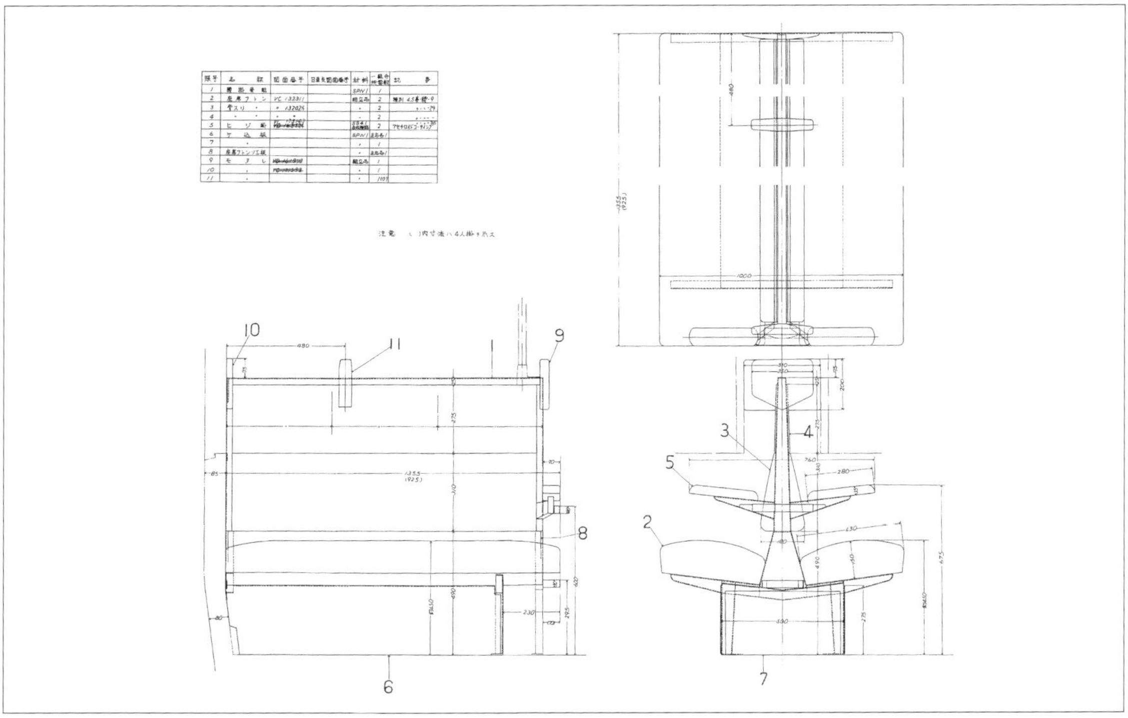

■155系 車体外部塗装区分

所蔵：福原俊一

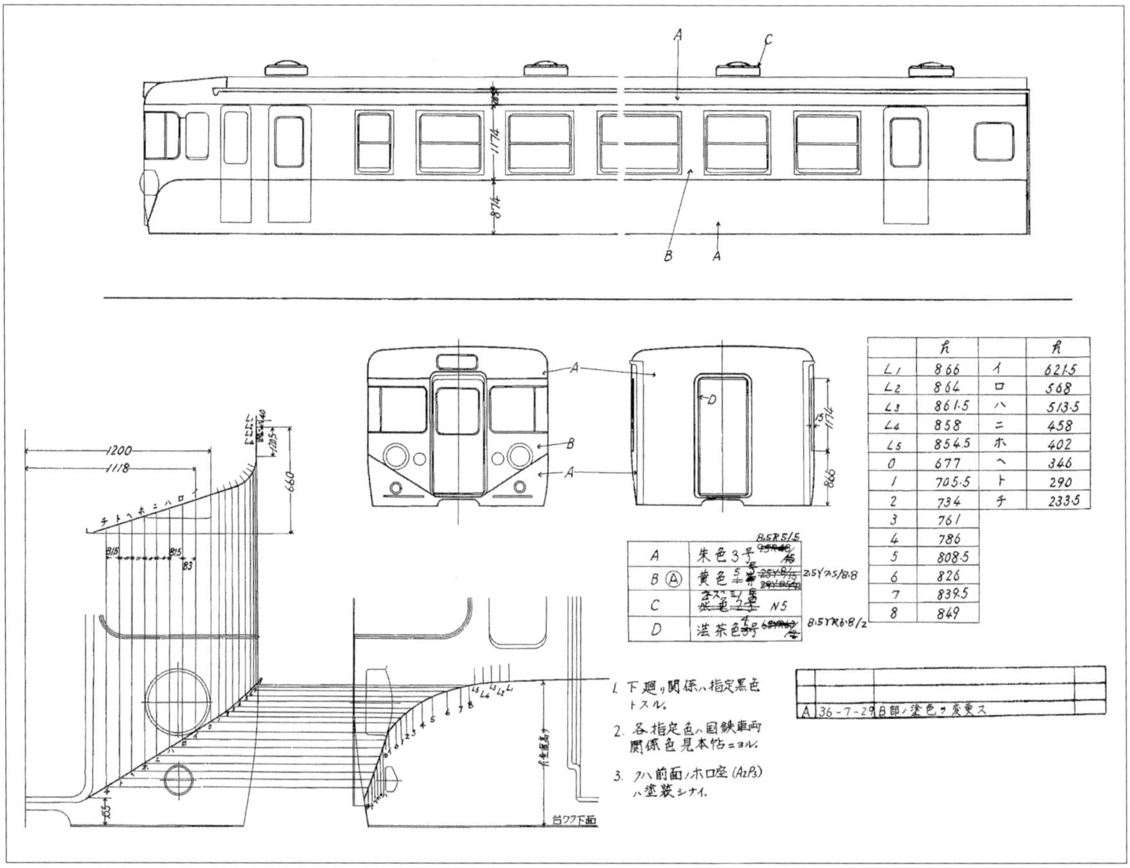

■155系 車体外側付属品取付位置

所蔵：福原俊一

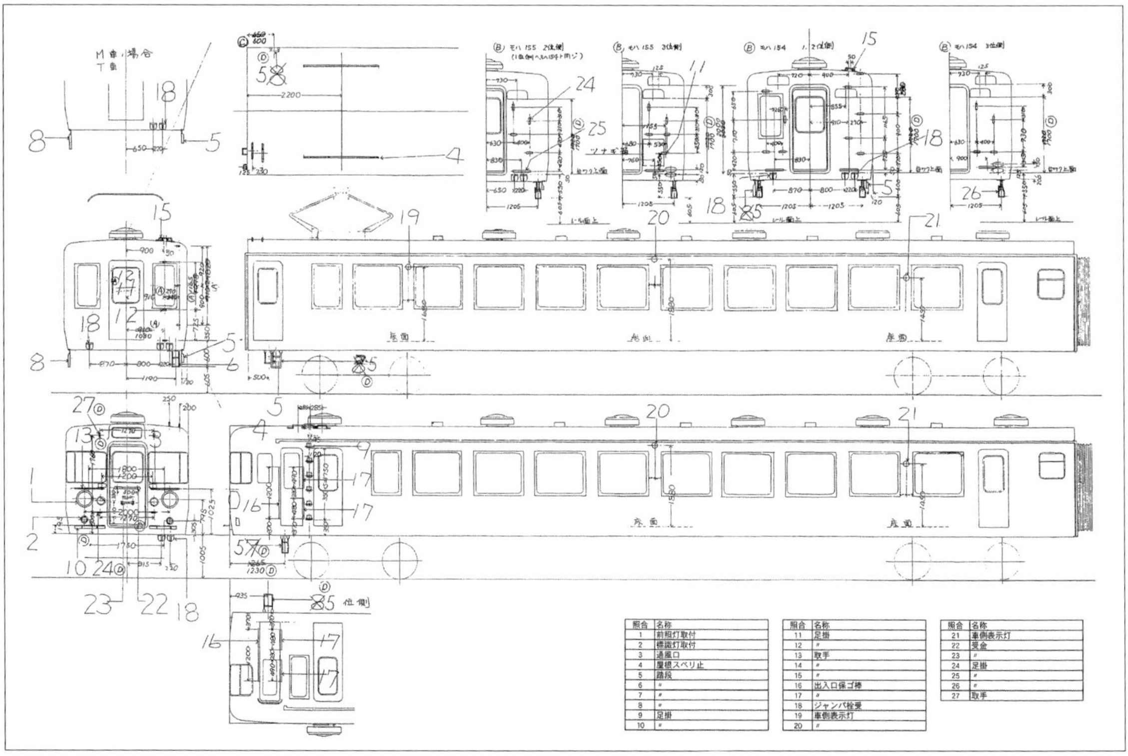

■153系／155系 断面比較図　　作成：田中裕輔

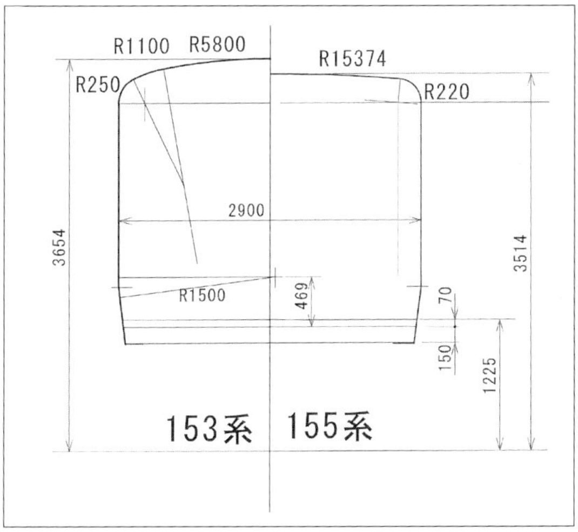

「きぼう」のヘッドマーク文字は黄色を基調に赤ワクが付けられていた。なお「ひので」はそれをイメージした赤文字であった。
1959.3　品川　P：星　晃

■列車名板(ひので)

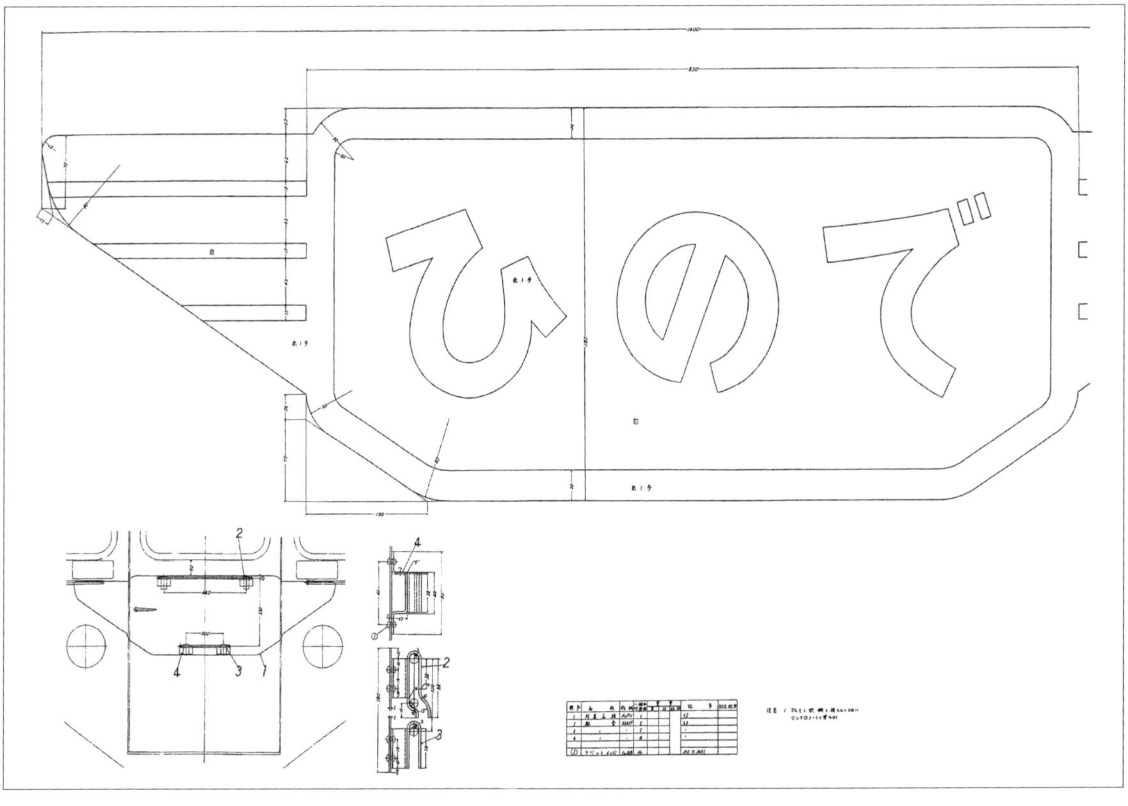

1.4　台車及び歯車装置

修学旅行電車の台車はコストダウンの見地からモハ90形と同様なコイルばね台車が採用され、モハ90形のDT21を基本に、歯数比を東海形と同一の4.21（モハ90形は5.60）に変更したDT21Aが採用されている。また付随台車は東海形のTR59をコイルばね化した構造のTR62が新設計された。TR62はディスクブレーキが使用されているためブレーキ容量に優れていること、コイルばね台車のため経済性に優れていることから後に誕生するクハ111・115形等の近郊形電車にも採用され、国鉄新性能電車用台車では標準的な形式のひとつとなった。

1.5　主回路電気機器

修学旅行電車は、東海形と同一性能とする建前から、東海形の主回路システムが踏襲された。1950年代前半（昭和20年代後半）に、高速電動機・カルダン駆動等の新技術を盛込んだ高性能電車が私鉄各社に誕生していた。国鉄においても高性能電車の開発がスタートし、私鉄高性能電車群の実績を参考に国鉄の標準形を確立するための慎重な検討が進められ、1957（昭和32）年６月に文字通り満を持してモハ90試作車が誕生した。モハ90形の主回路システムは

①２両分の主電動機を1組としたＭ Ｍ'方式を採用して１台の主制御器で制御する方式とし、加減速性能を向上させたこと

②駆動方式は狭軌というハンディを背負っていること、中長距離電車への適用等を考慮して中空軸平行カルダン方式を採用し、小型高速回転の主電動機と相まって乗心地の改善及び低騒音化を図ったこと

③電動車には発電ブレーキを採用（電磁直通ブレーキとの併用）するなど、ブレーキ性能を向上させたこと

等の特長があり、この主回路システムはこだま形・東海形だけでなく修学旅行電車にも踏襲され、修学旅行電車の主回路電気機器も、MT46A・CS12Aなど東海形と同一の機器が使用されている（表1-1参照）。

1.6　電動発電機及び空気ブレーキ装置

修学旅行電車のMGは東海形と同様に東芝製の5kVA交流電動発電機（MH81-DM44、メーカ形式はCLG319）が使用され、空気ブレーキ装置も東海形と同様に発電ブレーキ併用電磁直通空気ブレーキ（SED空気ブレーキ装置）が採用されている。空気ブレーキ装置は基本的に東海形と共通であるが、CPは編成中の所要数及びコストダウンの見地から、４両編成当たり１ヶ所としたこと等の設計変更が実施されている。

電動車用のDT21台車（モハ82→モハ154・155）。
1959.3.11　平塚　P：荻原二郎

制御車・付随車用のTR62台車（クハ89→クハ155）。ディスクブレーキを搭載している。
1959.3.11　平塚　P：荻原二郎

1.7　ぎ装

修学旅行電車は前述の通り１シーズンの輸送量を勘案して12両(定期検査施行時には８両）で運転する計画が立てられている。またTc車前頭部の台枠下部覆い(スカート)はコストダウンの見地から省略し、編成の中間に入る運転台(助士側)は放送室として使用することとし、当時出現して未だ日の浅かったテープレコーダを用いた放送を考慮して置台及びコンセントが設けられている。

客室内は車体横手方向に蛍光灯が配置され、通風器及びスピーカ等は車体中央部に配置されている。また修学旅行電車は前位寄り出入台部に飲料水タンク・クズもの入れを配置することなどで、戸袋窓を省略したほか客室仕切と主電動機点検ふたが競合しないように工夫されている。以下にぎ装関係の主要点を示す。

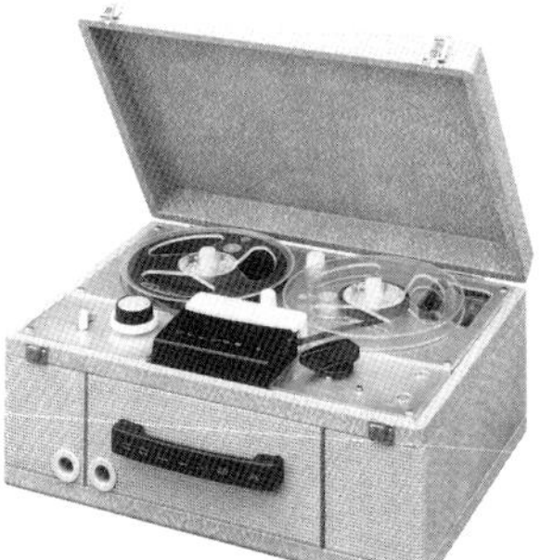

編成の中間に入る運転台(助士側)には市販(コロンビア製)のテープレコーダが設置されている。

（1）車間ワタリは東海形と同様で、制御回路引通しにはKE57A×２(片栓)を、高圧引通しにはKE1×１(片栓)を使用した。Tc車は奇数偶数双方で使用できるよう、東海形同様前後位とも両ワタリ設計とした。

■155系台枠機器配置図

作成：田中裕輔

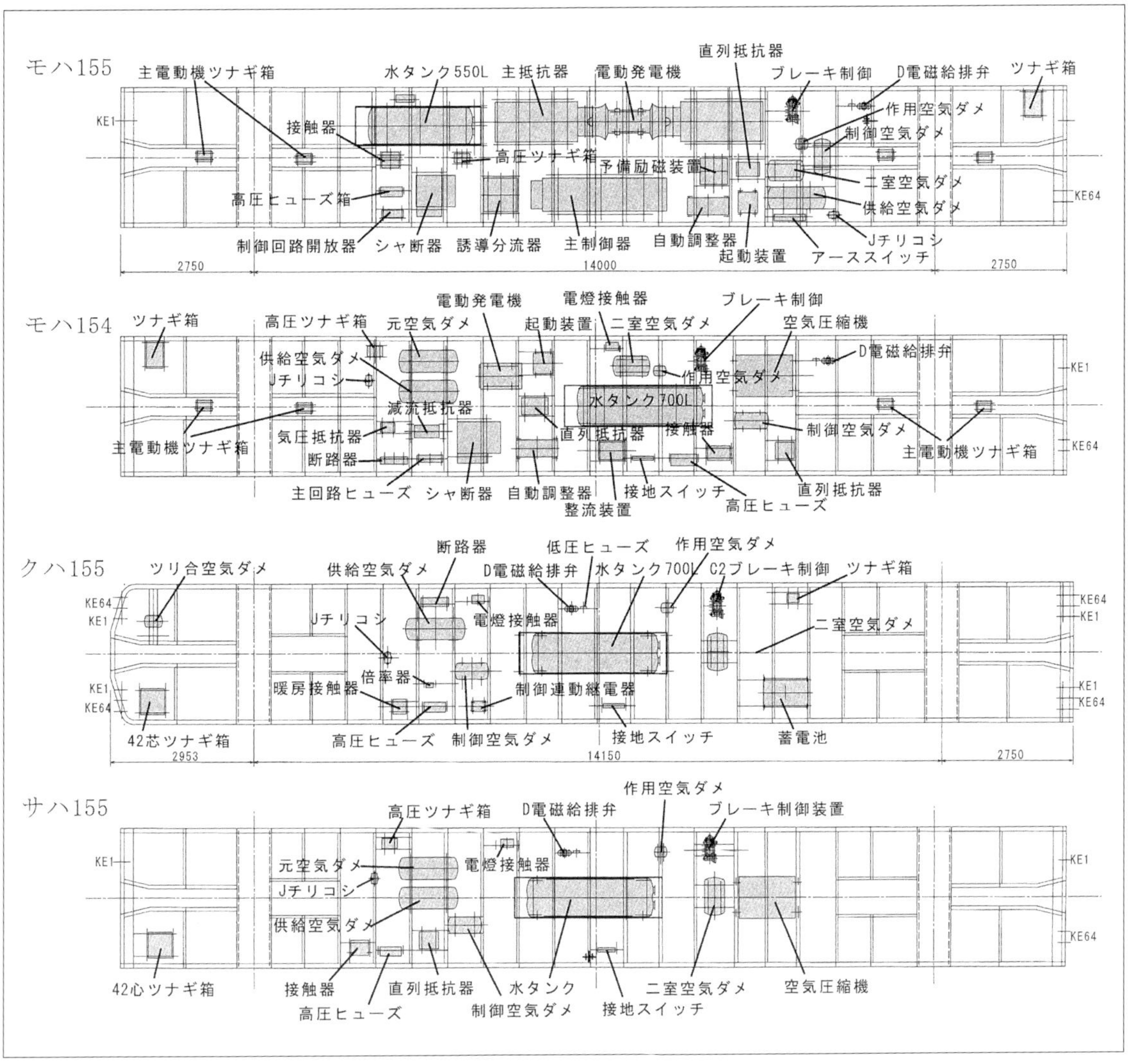

■運転室構体図

所蔵：福原俊一

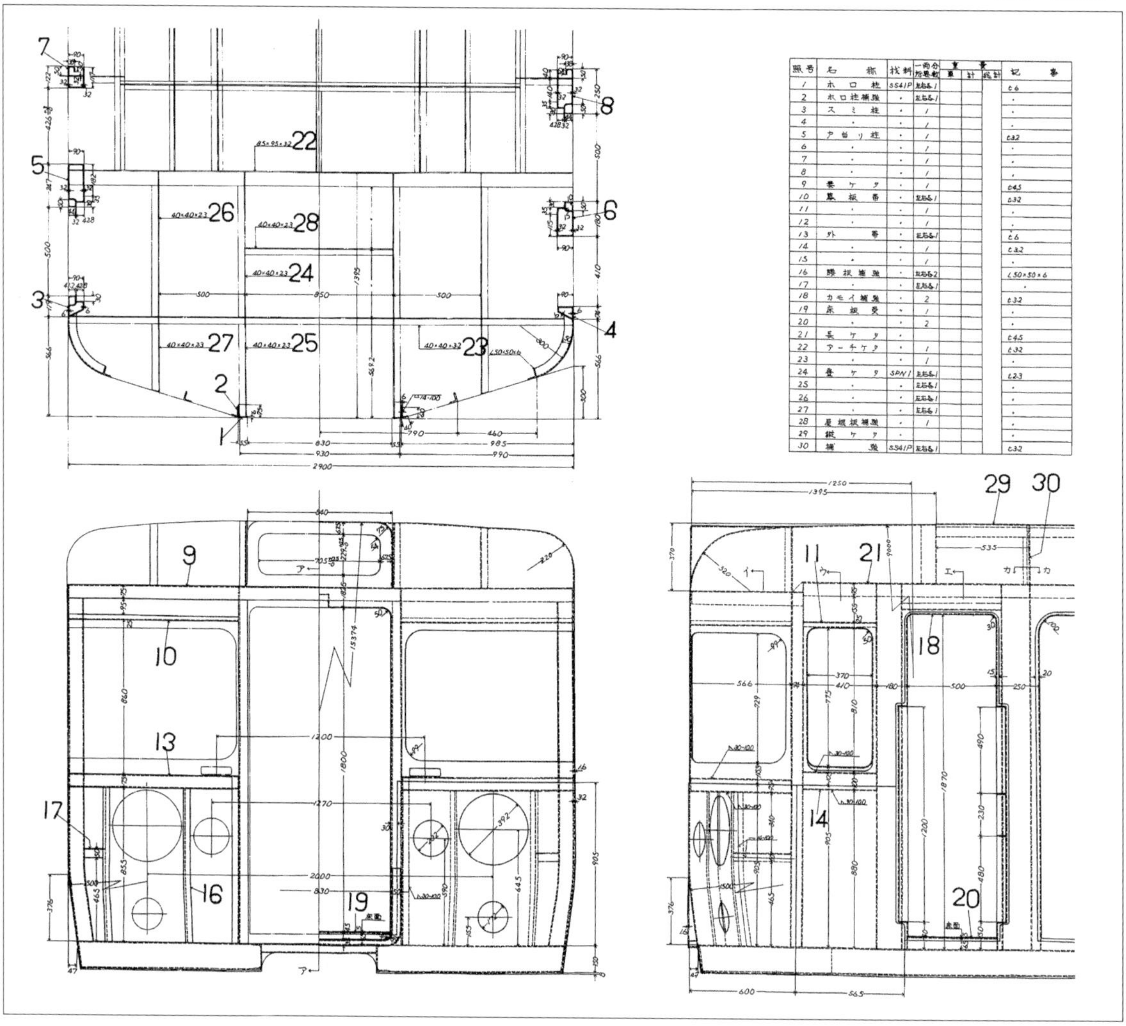

照号	名称	材料	一両分所要数	重量 単	重量 計	重量 総計	記事
1	ホロ柱	SS41P	左右各1				t6
2	ホロ柱補強	・	左右各1				・
3	スミ柱	・	1				・
4	・	・	1				・
5	戸当り柱	・	1				t3.2
6	・	・	1				・
7	・	・	1				・
8	・	・	1				・
9	妻ケタ	・	1				t4.5
10	幕板帯	・	左右各1				t3.2
11	・	・	1				・
12	・	・	1				・
13	外帯	・	左右各1				t6
14	・	・	1				t3.2
15	・	・	1				・
16	腰板補強	・	左右各2				L50×50×6
17	・	・	左右各1				・
18	カモイ補強	・	2				t3.2
19	床板受	・	1				・
20	・	・	2				・
21	長ケタ	・					t4.5
22	アーチケタ	・	1				t3.2
23	・	・	1				・
24	畳ケタ	SPN1	左右各1				t2.3
25	・	・	左右各1				・
26	・	・	左右各1				・
27	・	・	左右各1				・
28	屋根板補強	・	1				・
29	縦ケタ	・					・
30	補強	SS41P	左右各1				t3.2

(2)台枠機器配置は東海形とほぼ同様とし、電動車はM車に主回路電気機器を集約して機器間のツナギを簡略化し、M'車にはMG・CP等の補機類を搭載した。

(3)便所は和式便所のほか男子小便所を併設し、水タンクは東海形と同一の700リットル(M車は床下ぎ装スペースの関係から550リットル)を搭載した。また洗面所の給水は「水」のみとしたため東海形で使用した温水器回路及び温水器は省略した。

Tc車前位寄りに設けられた速度計と電池時計。　P提供：星 晃

(4)パンタグラフは東海形同様M'車に取付けたが、修学旅行電車では前述のように低屋根構造とした関係から(東海形で使用した碍子を使用すると強化木取付け高さが確保できないため)PS13C用の碍子を使用した。またM'車前位寄りに設けた扇風機取付用の円錘形状の突起と競合するため、パンタグラフ取付位置はボギー中心より550mm車端側に取付けた。

(5)乗務員室は東海形と同様な貫通式で曲面ガラスを使用して視野を確保し、運転操作に必要な機器は運転士側に、取扱い頻度の低い機器は助士側に配置した。助士側仕切後部には添乗員用の折り畳み式補助シート(座席定員には含まれていない)を追設した。

(6)各車両の前位寄り仕切部には電池時計を取付けた。Tc車は運転台への回路が利用できるため、メーカの好意提供品による速度計を併設した。

Column　155系修学旅行電車のシートについて

JR四国多度津工場のPR室に保存されている155系の３人掛シート。なお、PR室の建屋は老朽化のため解体が始まる予定で、今後も保存が継続されるかどうかは不明である。
2021.9　P提供：四国旅客鉄道多度津工場

155系のシートは、本文で述べた通り片側3人掛方式が採用されている。従来、国鉄車両における旅客車の座席定員は修学旅行輸送対応に補助シートが追設された宮原区配置のオハ61形が最大級であったが、155系の座席定員はこれに匹敵する104名（中間車）が確保されている。

155系のシートは車体幅の拡大で生じたスペースの有効活用等により、シート幅及びシートピッチ等は下表の通り他形式と遜色の無いものとし、通路幅についても定員制の運用が主体のため他形式と比較すると若干狭いものの450mmという特別2等車なみのスペース（スロ51形は460mm）が確保されている。腰掛ふとん地は汚れの目立たないビニール張りとする案も当初は検討されたが、結果的には東海形と同様な青14号の簡易モケットが使用されている。またひじ掛の張出している前後の空間を利用して傘立てを設置したことや通路側の荷物棚支持パイプにカメラ掛けを取付けたことなど修学旅行生への配慮が払われた多くの特長を有している。

修学旅行電車の設計当時、完成予想図等では理解しにくいということでモックアップが製作され、修学旅行関係者に披露された。車体横手方向の荷物棚ではシートから立ち上がったとき頭をぶつけてしまうのでは、と危惧した長身の関係者がモックアップで実験して、ようやく納得したこと、運転開始当初荷物棚にのせようとした荷物が開放された上窓から窓外へ落失してしまったことなど多くのエピソードで彩られた。このシートは本文で述べたアコモデーション改造により過去帳入りしてしまったが、現在でもJR四国多度津工場で３人掛シート１区画が保存展示されている（通常は非公開）。

■表1-2　国鉄旅客車シート幅・シートピッチ

形式	形態	1人あたり腰掛幅（mm）	シートピッチ（mm）	通路幅（mm）	窓側ひじ掛
オハ61	2人掛	480	1335	650	なし
モハ70	〃	453	1440	750	〃
モハ153	〃	480	1460	540	あり
モハ155	3人掛	約430	1460	450	なし
〃	2人掛	約460			

修学旅行電車の新造にあたり室内設備検討用の実物大モックアップが製作されて、寸法上問題はないかの検討がなされた。
P所蔵：福原俊一

修学旅行電車「ひので」の出発を祝う式典。　1959.4 品川 P：星 晃

2. 155系の進展

2.1「ひので」「きぼう」運転開始

修学旅行電車の外部色と愛称名は、東京及び京阪神地区の中学校から1958(昭和33)年11月に公募された。外部色については総応募数313校のなかから窓部をレモンイエロー（黄色１号)、上下をライトスカーレット(朱色３号)とした放出中学校(大阪市城東区)の提案が採用された。また東京発列車の愛称は総応募数830件中335件の応募があった「ひので」に、京阪神発列車の愛称は同325件中18件の応募があった「きぼう」に決定された。

修学旅行電車の誕生間もない1959年４月２日、東京～平塚間で実施された修学旅行電車「ひので」の試乗会で、学生鉄道研究会連盟が試乗中の修学旅行関係者などを対象にアンケートを行った。それによると修学旅行専用電車の製作を支持する意見が約95％と圧倒的で、シートやテーブルなどの設備も支持する意見も80％を超え、好評をもって迎えられたことを物語っていた。

修学旅行電車は「ひので」「きぼう」として同年４月20日から運転を開始した。修学旅行日程との関係か

■表2-1 昭和34年４月ダイヤ改正 修学旅行電車運転時刻

列車番号・列車名	時　刻	記　事
3111 T ひので	8:50 → 15:58	
3113 T きぼう	20:11 → 4:39 → 5:24 → 6:05	京都終着のときは 5:14
	品 川　京 都　大 阪　神 戸	
3112 T きぼう	18:15 ← 10:17 ← 9:40 ← 8:50	
3114 T ひので	6:03 ← 20:31	

ら、両列車とも往路は客車特急「つばめ」なみの速度で昼行運転、復路は客車急行なみの速度で夜行運転して翌日の昼行列車に折り返すというピストン輸送のダイヤが設定された。「ひので」「きぼう」は急行列車並の速度で運転するが、急行（準急）料金は不要だった。

「修学旅行電車は利用債を負担してもらっているうえに、計画輸送まで実施してもらっていますので、料金をいただこうという発想にはなりませんでしたね。これは『ひので』『きぼう』の少し前から運転をはじめていた集団就職列車も同様でした」と、前出の須田さんは当時の事情を説明した。この計画輸送実施にあたって、各校の乗車時期の割当ては抽選方式が採られた。悪いくじを引き当てて嘆声をもらす関係者もいるなどの情景が会場で見られたと当時の修学旅行協会誌に記されているが、ともあれ1955年の宇高連絡船紫雲丸の海難事故、翌56年の参宮線（現在の紀勢本線）六軒駅での列車衝突事故と、修学旅行生が不幸にして巻き込まれる大事故が続いた時代、「ひので」「きぼう」の運転開始は修学旅行関係者のみならず保護者にとって、このうえなく明るい話題だった。

東海道新幹線は、1963年度末開業を目指して建設工事が進められることになり、1959年４月20日に新丹那トンネルの起工式が行われた。「ひので」「きぼう」が運転を開始したのと奇しくも同じ日、それは国鉄、つまり日本の鉄道が黄金時代の頂点に向かっていく季節を象徴するような1日だったのである。

品川付近を行く「ひので」。240万人の修学旅行生を輸送したその列車は、運輸史上に永久に残る存在である。
1959.5　品川—大井町　P：星　晃

■表2-2 155系修学旅行電車 製造予算一覧

	メーカ	モハ155	モハ154	クハ155	サハ155	記　事
昭和33年度利用債	汽 車	1～3	1～3	1～4	1・2	昭和34年4月改正
	日 車	4～6	4～6	5～8	3・4	「ひので・きぼう」新設用
昭和36年度利用債	日 車	7・8	7・8	9～12		「ひので・きぼう」編成増強用
昭和38年度第2次債務	日 車	9・10	9・10	13～16		「ひので・きぼう」編成増強用
昭和39年度第3次債務	日 車	11・12	11・12	17～20		昭和40年10月改正「わかば」新設用

2.2 155系増備車の設計変更点

修学旅行電車は表2-2のように昭和33年度から40年度まで、総計48両が製造された。以下、鉄道愛好家の関心を惹くと思われる設計変更点を述べてみたい。

2.2.1 昭和36年度利用債発注車

「ひので」「きぼう」の編成増強用増備車で、本グループの落成により1961年秋期以降は両系統とも従来の8・12両の混合運転から常時12両運転に増強が図られた。第1次車ではコストダウン施策からT車がおこされていたが、効果と必要性を勘案して本グループ以降の付随車の増備はTc車のみとなっている。以下に本グループの設計変更点を示す。

（1）主電動機の冷却風取入れ方式を、雪害対策等の見地から東海形（昭和35年度本予算以降）同様外妻部から取り入れる方式に変更した。これに伴い電動車の妻部に取入口を新設するとともに2位側妻窓を廃止した。

（2）客室蛍光灯を東海形（昭和35年度民有車両以降）同様減光可能な調光式に変更し、夜行運転時のサービス改善を図った。

2.2.2 昭和39年度第3次債務車

昭和40年10月ダイヤ改正で増発された「わかば」対応の増備車で、東海形低窓タイプで新製された最終グループとなった。このグループは標準化等の見地から他形式で既に実施された設計変更が反映されている。

以下に主な変更点を示す。

（1）主抵抗器は113・453系等の120kW主電動機搭載車用に開発されたMR61に変更した。主抵抗器の容量増大に伴い床下ぎ装スペースが増大したため、水タンク位置を後位寄り横手方向に移設するなどM車の台枠機器配置を変更した。

（2）クハ111形（昭和38年度民有車両以降）等近郊形Tc車同様に前位寄り通風器を箱形とし、乗務員室の通風効果改善を図った。また、Tc車前位寄り雨どいを乗務員室側開戸上部まで延長し乗務員の作業環境改善を図った。

モハ154-12。155系電動車の昭和36年度利用債発注車以降は、妻面に主電動機風取入口が新設（これに伴い妻窓が廃止）されている。
P提供：日本車輌製造

満面に笑みをたたえた中学生を乗せて「ひので」発車。見送る保護者も嬉しそう。　1959.4　P：星　晃

1971.10.16　大阪　P：寺本光照

表紙のことば

「きぼう」の大阪発最終列車(6106M 明石発品川行・155系12連)。大阪駅ホームの下り側先端部で撮影していたのは、運輸史研究家で知られる寺本光照さん以外には２人だけだった。撮影後、感謝の気持ちを込めて乗務員に「ありがとう、お世話になりました」と寺本さんが声をかけたところ、乗務員も会釈して軽く手を振ってくださったという。中学生のとき「きぼう」に乗車した寺本さんが万感の思いを込めて撮影したひとコマ。

修学旅行
ひので
70796

朱色と黄色の塗分けも鮮やかな155系修学旅行電車。品川発着の「ひので」は関西発着の「きぼう」とともに1959年から1971年まで東海道本線で活躍した。　1959. 3.11　平塚　P：荻原二郎

日本車輌製造東京支店蕨工場を出場、公式試運転に臨む159系。　1961.3.22　平塚　P提供：日本車輌製造

3. 159系　新製時の概要

3.1　159系誕生のいきさつ

155系を使用した「ひので」「きぼう」は、修学旅行生の疲労が目に見えて軽減されるなど大成功を収め、両列車が通過する東海３県からも同様な専用列車を要望されるようになった。当時の中京地区の修学旅行は京阪神地区と同様に、目的地は東京を大多数が占めていた。電車列車で実現できることから、「ひので」「きぼう」と同様に利用債引受け団体である東海３県修学旅行委員会が結成され、東海3県にも修学旅行専用電車が誕生することになった。当初は昭和34年度の利用債で契約し、1960年度から運転を開始する予定だったが、その出鼻をくじくような大過が襲った。1959年９月26日、名古屋で瞬間最大風速45.7m、降雨量209mmを記録した超大型の伊勢湾台風は、約五千人

クハ159形室内(クハ159-1)。東海形の装備に近い形態で腰掛は２人掛、荷物棚も長手方向に設けられているが、155系と同様Tc車には速度計と電池時計が取付けられている。　1961.3.17　P提供：日本車輌製造

の死者・行方不明者という大きな傷跡を東海３県に残した。

「伊勢湾台風の影響で、東海３県では翌年の修学旅行を取り止める学校も多かったのですが、なんとかして修学旅行を実施する学校も少なくありませんでした。この救済策として、国鉄は東海形を捻出して『こまどり』を運転したのです」と、須田さんは当時の事情を説明した。東海形の予備車をやりくりして運転された「こまどり」は関係者から感謝され「愛の電車」と讃えられたが、伊勢湾台風の影響で１年間スローダウンしたものの、翌1961年度には中京地区に待望の修学旅行専用電車がお目見えすることになった。

しかしながら同地区は東京・京阪神地区比較して修学旅行電車としての運用期間が短い一方で、東海道不定期準急「長良」系統などの一般運用期間が長いことを考慮し、できるだけ東海形に近い新形式車が誕生することになった。ここに修学旅行電車としては２系列目となる159系が1961年３月に誕生し、同年４月から大垣と東京を結ぶ「こまどり」に運転を開始した。

3.2　159系の概要

中京地区用修学旅行電車の設計は、星晃さんをリーダーに日本車輛東京支店を主体に155系修学旅行電車とほぼ同じメンバーで進められた。低屋根・貫通形とした車体構造は修学旅行電車の先輩格にあたる155系のそれが踏襲され、台車、主回路システム、電動発電機及び空気ブレーキ装置も155系と同じものが使用されている。車体設備は前述のようにシーズンオフの一般運用を考慮して２人掛シートとするなど、東海形と同様なものに変更されている。外部色は従来車にとらわれない新塗色とする現地要望もあったが、修学旅行用を名乗るからにはということで155系と同じ朱色と黄色のツートンカラーが採用されている。

■表3-1 159系主要諸元

<table>
<tr><td colspan="2" rowspan="2">形式番号・略号</td><td>モハ159</td><td>モハ158</td><td>クハ159</td><td>サハ159</td></tr>
<tr><td>M</td><td>M'</td><td>TC</td><td>T</td></tr>
<tr><td colspan="2">電気方式</td><td colspan="4">直流1500V</td></tr>
<tr><td colspan="2">最高運転速度（km/h）</td><td colspan="4">110</td></tr>
<tr><td colspan="2">定員（座席）</td><td>84</td><td>84</td><td>76</td><td>84</td></tr>
<tr><td colspan="2">自重（t）</td><td>36.8</td><td>35.6</td><td>29.6</td><td>27.5</td></tr>
<tr><td rowspan="6">車 体</td><td>構 体</td><td colspan="4">鋼　製</td></tr>
<tr><td>連結面間長さ(mm)</td><td colspan="4">20000</td></tr>
<tr><td>車体幅(mm)</td><td colspan="4">2900</td></tr>
<tr><td>屋根高さ(mm)</td><td colspan="4">3514</td></tr>
<tr><td>パンタ折り畳み高さ(mm)</td><td></td><td>3970</td><td></td><td></td></tr>
<tr><td>床面高さ(mm)</td><td colspan="4">1225</td></tr>
<tr><td rowspan="3">台 車</td><td>方 式</td><td colspan="4">コイルばね</td></tr>
<tr><td>形 式</td><td colspan="2">DT21B</td><td colspan="2">TR62</td></tr>
<tr><td>歯数比</td><td colspan="2">19:80＝4.21</td><td colspan="2">－</td></tr>
<tr><td colspan="2">制御方式</td><td colspan="4">直並列抵抗制御・弱界磁励磁</td></tr>
<tr><td rowspan="3">性能（電動車１組の定格）</td><td>出力（kW）</td><td colspan="2">775</td><td></td><td></td></tr>
<tr><td>速度（km/h）</td><td colspan="2">68（70％界磁）</td><td></td><td></td></tr>
<tr><td>引張力（kg）</td><td colspan="2">4200（70％界磁）</td><td></td><td></td></tr>
<tr><td rowspan="4">主電動機</td><td>方 式</td><td colspan="2">直流直巻</td><td></td><td></td></tr>
<tr><td>最弱め界磁率（％）</td><td colspan="2">40</td><td></td><td></td></tr>
<tr><td>駆動方式</td><td colspan="2">中空軸平行カルダン</td><td></td><td></td></tr>
<tr><td>形 式</td><td colspan="2">MT46A</td><td></td><td></td></tr>
<tr><td rowspan="2">パンタグラフ</td><td>枠組み</td><td></td><td>菱形</td><td></td><td></td></tr>
<tr><td>形 式</td><td></td><td>PS16</td><td></td><td></td></tr>
<tr><td rowspan="2">主制御器</td><td>方 式</td><td>電動カム軸式</td><td></td><td></td><td></td></tr>
<tr><td>形 式</td><td>CS12A</td><td></td><td></td><td></td></tr>
<tr><td rowspan="2">主抵抗器</td><td>方 式</td><td>強制風冷式</td><td></td><td></td><td></td></tr>
<tr><td>形 式</td><td>MR16</td><td></td><td></td><td></td></tr>
<tr><td rowspan="4">補助電源装置</td><td>方 式</td><td colspan="2">ＭＧ</td><td></td><td></td></tr>
<tr><td>出力（種別・電圧）</td><td colspan="2">交流100V</td><td></td><td></td></tr>
<tr><td>出力（kVA）</td><td colspan="2">5</td><td></td><td></td></tr>
<tr><td>形 式</td><td colspan="2">MH81-DM44</td><td></td><td></td></tr>
<tr><td rowspan="2">電動空気圧縮機</td><td>方 式</td><td></td><td></td><td>Ｖ形２シリンダ</td><td></td></tr>
<tr><td>形 式</td><td></td><td></td><td>MH80-C1000</td><td></td></tr>
<tr><td colspan="2">ブレーキ方式</td><td colspan="4">発電ブレーキ併用電磁直通ブレーキ，直通予備ブレーキ</td></tr>
<tr><td colspan="2">記 事</td><td></td><td></td><td></td><td></td></tr>
</table>

飲料水タンクや休養室をはじめとした修学旅行電車用の設備は、現地要望もあって155系のそれが踏襲されている。休養室をベッドとして使用するときは、155系では腰掛ふとんをはめこむ方式が採用されていたが、修学旅行電車ではオロネ10形等のプルマン式寝台車と同様な、腰掛ふとんを引き出すと背ずりも水平になる方式に変更し取扱いの改善が図られている。155系と異なり荷物棚は長手方向(レール方向)式が採用され、東海形よりも幅広としたい現地要望もあったが、標準化の見地から結果的には東海形と同一の長手方向式が採用されている。

修学旅行電車は155系と同様に12両(8両)運転が可能なように、Tc M M' Tc (T M M' Tc)の4両ユニットで組成されている。形式数字は日光形に次ぐ159系が付与され、形式は表3-1の通り4形式がおこされている。以下に修学旅行電車の主要点を示す。

(1)車体断面形状及び構体等の車体構造は155系を基本とし、中央線への乗入れを考慮して屋根全体を

モハ159-3。床下機器配置はモハ152・モハ154形と同様で、写真の山側(1・3位側)には主抵抗器・水タンクなどが配置されている。
P:福原俊一

モハ158-1。山側(2·4位側)の床下には主回路ヒューズ、遮断器などが配置されている。客室内に設けた扇風機用の突起が低屋根の上部に見える。
P:五十嵐六郎

低屋根とした。客室蛍光灯は155系と異なり車体長手方向に取付け、夜行運用を考慮して東海形の昭和35年度民有車両以降と同様な調光式の40W蛍光灯とした。

（2）側出入口は155系同様戸袋窓のない700mm片引戸(片側2ヶ所)とし、前位寄り出入台部には飲料水タンク・クズもの入れを設置した。

（3）シートは東海形と同様の2人掛(頭もたれは無し)とし、155系同様着脱可能な折り畳み式テーブルを併設した。またシーズンオフの運用を考慮して155系で採用した車端部の跳ね上げ式シート・荷物棚等スキー臨電対応の設備は省略した。

（4）通風器は東海形と同様の押込式とし、扇風機の取付け個数は東海形と同一の各車両あたり4個とした(低屋根とした関係から、155系と同様屋根上に突起が設けられた)。

（5）外部色は155系に準じた修学旅行色としたが、窓回りの黄色1号が強すぎるという批評もあったた

クハ159-1。修学旅行電車では列車種別を掲示する札差しに学校が用意した校名札を掲示(下車駅で各校が外して持ち帰る)していた。クハ159形の先頭台車には雪かき器が取付けられている。 P提供：日本車輌製造

サハ159-1。155·159系は側出入口幅が一般の急行形電車よりも狭く、東海形では戸袋窓になっている前位寄り(写真右側)車端部にも小窓が設けられている。 P：星 晃

め、159系では彩度を下げてクリーム色に近い黄色５号に変更した(155系の塗色も黄色５号に順次塗色変更を実施した)。

（６）台車はコストダウンの見地から155系同様コイルばね台車のDT21A及びTR62を使用した。主回路システムも155系を踏襲したが、主電動機冷却風取入口も車体外妻部から取り入れる方式に変更した。

（７）車間ワタリは155系同様制御用（KE57A×２）高圧用（KE1×１）を各々山側・海側に配置し、Tc車は奇数偶数双方使用可能な両ワタリ設計とした。また、台枠機器配置は155系と同一とした。

（８）便所は男子小便所を廃止して和式便所×１のみとし、洗面所は155系同様３位側出入台部に設置(155系同様給水は「水」のみ)した。

（９）乗務員室は東海形と同様な貫通式で、助士側仕切後部には添乗員用の折り畳み式補助シート（座席

■モハ159形 形式図

所蔵：福原俊一

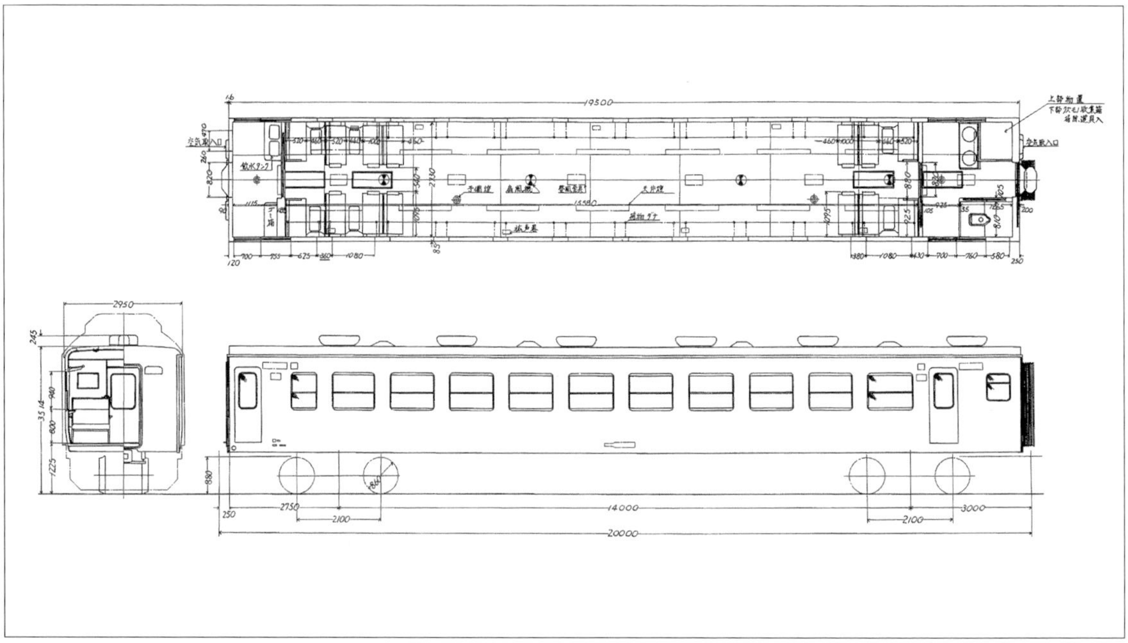

■モハ158形 形式図

所蔵：福原俊一

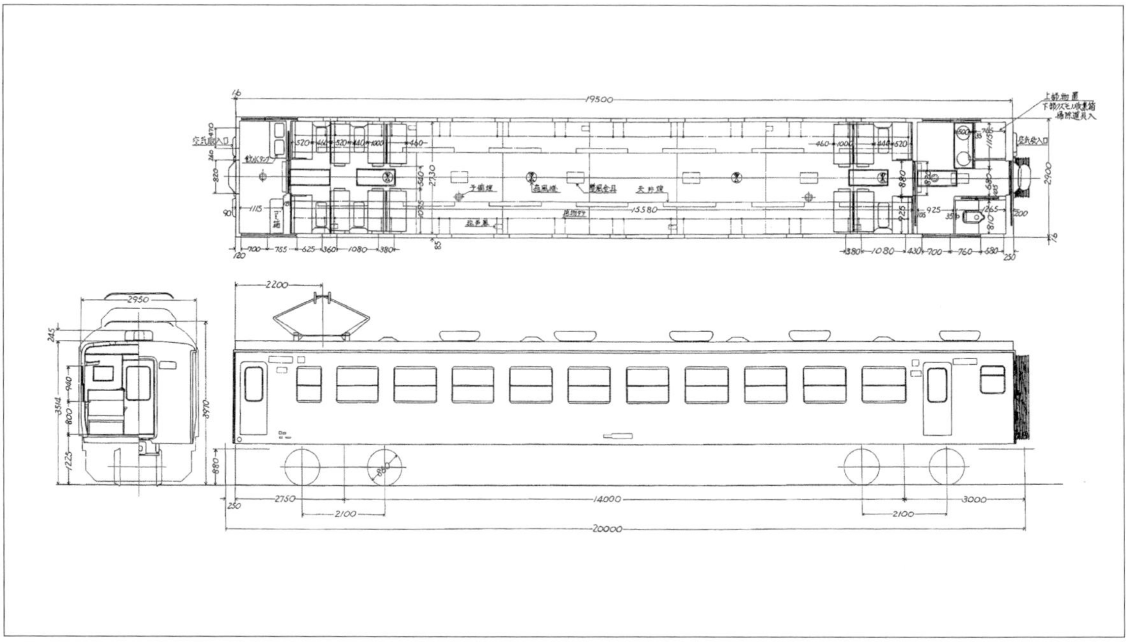

定員には含まれない)を設けた。各車両の前位寄り仕切部には電池時計を取付けた。修学旅行生に好評の速度計は各車両に取付けとする現地要望もあったが、従来通り車軸発電機のあるTc車のみとした。

□

159系では1両の定員が少なくなったため、155系で男子小便所となっていたスペースを物置(下半部はクズもの入れ)に変更し、修学旅行生の大形携帯品置場に使用できるように配慮された。

「この物置はシーズンオフでの臨電で使用するときに、飲料水タンクやシート部の大形テーブルを格納できるように考えたのです。それとこの電車では修学旅行生が下車する前に掃除できるようにと、躾の意味をこめてクズもの入れの横にホウキ掛けを設けました」は、親心のこもった星さんの思い出である。

■クハ159形 形式図

所蔵：福原俊一

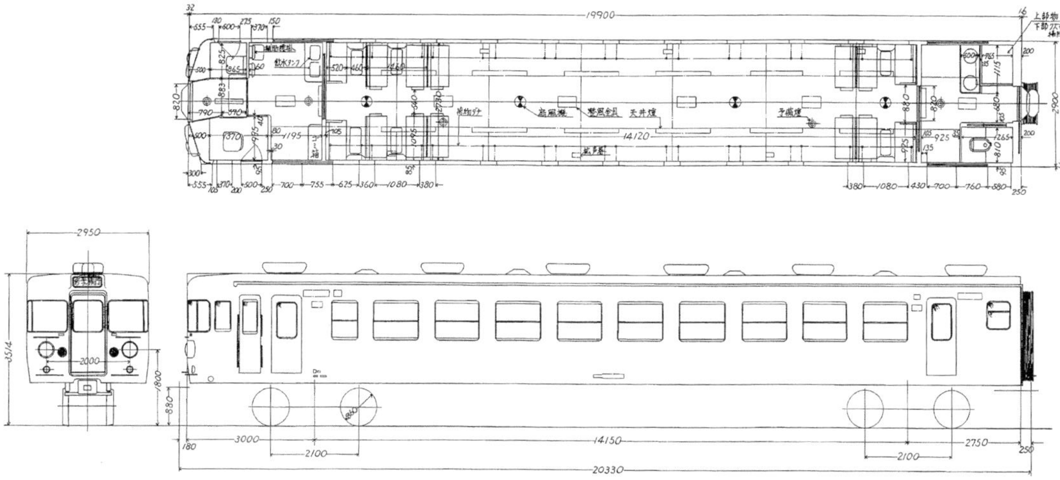

■サハ159形 形式図

所蔵：福原俊一

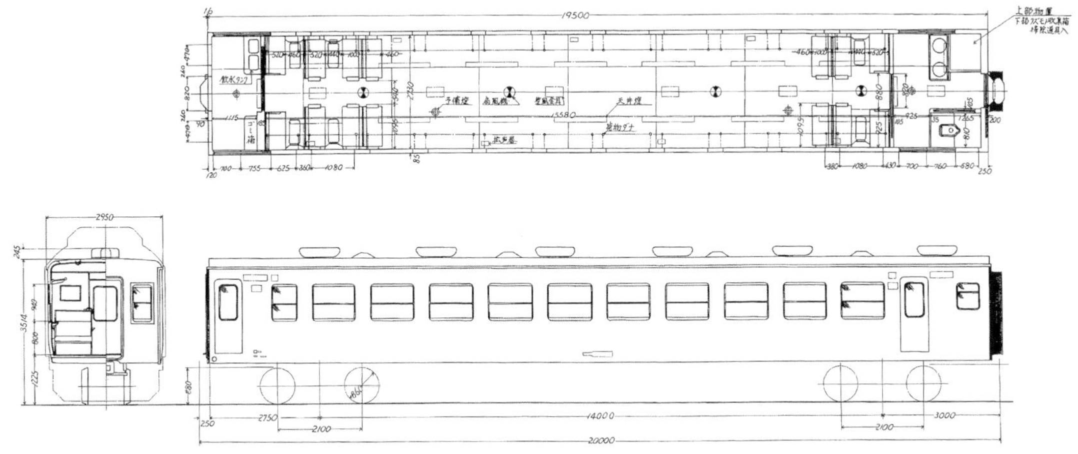

■表3-2　159系修学旅行電車 製造予算一覧

	メーカ	モハ159	モハ158	クハ159	サハ159	記　事
昭和35年度利用債	日車	1～3	1～3	1～4	1・2	昭和36年４月改正「こまどり」新設用
昭和36年度利用債	日車	4	4	5・6		「こまどり」編成増強用

159系は大きな設計変更点もなく、表3-2のように総計16両が製造された。営業運転は前述の通り「こまどり」として1961（昭和36）年４月９日から運転を開始した。運転区間や修学旅行日程との関係から、「ひので」「きぼう」と異なり往復とも昼行となり、表3-3のように中京地区を朝出発して夜到着する時間帯に設定され、シーズンオフには同じスジで東海形（サロ153形900番代など）を増結し準急「長良」として運転された。また下り「こまどり」が東京始発になっているが、これは東京からの帰途列車には東京駅から乗車したいという修学旅行関係者の意向を汲んで、昭和35年６月ダイヤ改正から下り「きぼう」が東京始発に改正されたことにならったものだった。

■表3-3 昭和36年４月ダイヤ改正 159系修学旅行電車運転時刻

列車番号・列車名	時　刻	記　事
1305Ｔ　こまどり	(15:06)　→　21:28	東京始発
	品　川　　大　垣	
1302Ｔ　こまどり	12:49　←　6:40	

□

「ひので」「きぼう」の成功は全国の修学旅行関係者に届いた。九州地区と関西を結ぶ修学旅行専用車両が要望され、1962年４月には「とびうめ」の運転が開始された。山陽本線が全線電化されていなかった当時、この列車には休養室や飲料水タンクなどを備え、朱色と黄色の修学旅行色に塗られたディーゼル動車のキハ58形800番代が就役した。太宰府天満宮の梅の木にちなんでネーミングされた「とびうめ」に続き、仙台以北が未電化だった東北地区と東京を結ぶ「おもいで」としてもキハ58形800番代は1963年４月から運転を開始した。

修学旅行専用車両は私鉄にもお目見えした。同社の看板列車だった２階建てビスタカーに一般庶民は気軽に乗車できなかった時代、一度は乗ってみたいという子供たちの夢を修学旅行で叶えてあげようという親心は、オール２階建て修学旅行電車となって実現した。20100系と称するこの電車は「あおぞら」とネーミング

物置の下部には、生徒が自主的に清掃できるよう、ホウキが備えられている。　P提供：星 晃

この洗面所と飲料水は155系のそれが踏襲されている。　P提供：星 晃

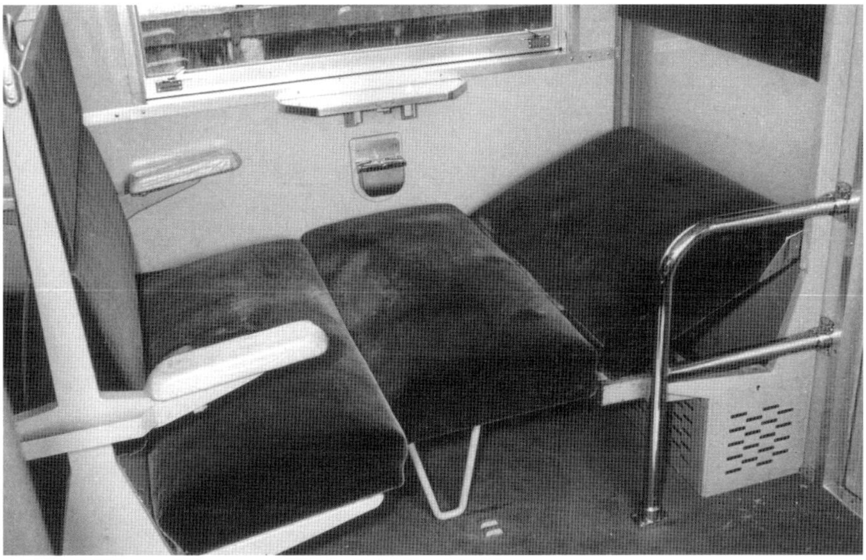

オロネ10形等のいわゆるプルマン式寝台車と同様に腰掛ふとんを引き出すと背ズリも水平になる方式の休養室。155系と同様に、カーテンで仕切れるようになっている。
P提供：星 晃

され、1962年から大阪・名古屋地区と伊勢方面の修学旅行輸送に就役した。この20100系にも冷水器にサービスアップされた「飲料水タンク」と休養室が装備され、155系以来の伝統は受け継がれたのである。

非電化線区用として、修学旅行電車に準じた装備を施した急行形気動車キハ58形800番代が九州及び東北地方に登場。「おもいで」は東北と東京を結ぶ目的で1963年４月より運行を開始した。
P提供：公益財団法人 日本修学旅行協会

「あおぞら」の愛称で親しまれた、近畿日本鉄道のオール２階建て修学旅行用電車20100系。　P所蔵：福原俊一

■159系 車体外側付属品取付位置

所蔵：福原俊一

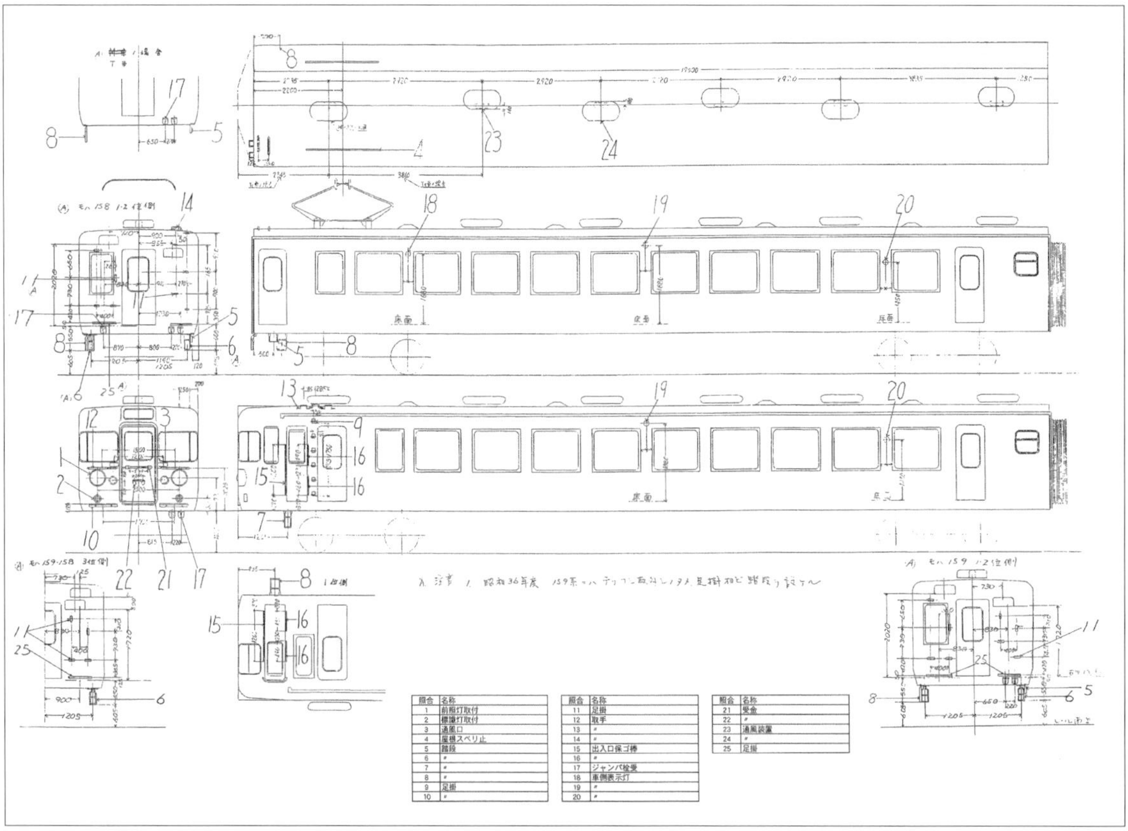

照合	名称
1	前照灯取付
2	標識灯取付
3	通風口
4	屋根スベリ止
5	踏段
6	〃
7	〃
8	〃
9	足掛
10	〃

照合	名称
11	足掛
12	取手
13	〃
14	〃
15	出入口保ゴ棒
16	〃
17	ジャンパ栓受
18	車側表示灯
19	〃
20	〃

照合	名称
21	受金
22	〃
23	通風装置
24	〃
25	足掛

159系を使用した中京地区発着の「こまどり」。通風器を除けば、155系とほぼ同じ形態をしていることが分かる。159系「こまどり」は、「ひので」「きぼう」廃止後も存続し、1979年まで運転された。
1961.4　名古屋　P：星　晃

■クハ159 割付

所蔵：福原俊一

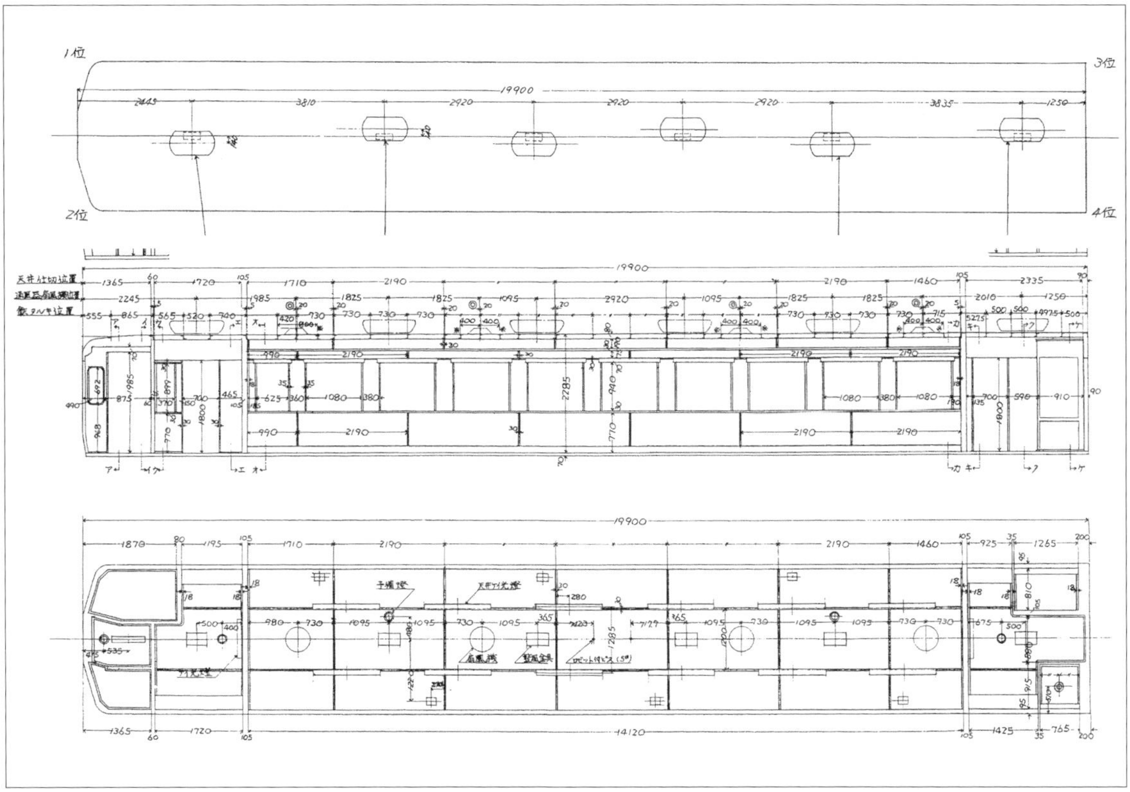

クハ159形正面。

1961.3.22　蕨　P提供：日本車輌製造

東京地区配置の155系は、冬期には上越スキー臨に使用された。雪中を行く全車指定制の「ひので銀嶺」。

1969.3.8　土樽―越後中里　P：五十嵐六郎

4. 155・159系の活躍

4.1　155系第1次車の耐寒・耐雪工事

修学旅行電車は当初計画通り、シーズンオフ時には上越地区のスキー臨電等に運用されるようになった。これら降雪地区における雪害等の使用実績を踏まえ、1960（昭和35）年度には耐寒・耐雪工事が施行された。主な改造施行要目は以下に示す通りである。

（1）雪害対策の見地から主抵抗器の冷却風取入口にビニロックフィルターを取付けた。

（2）防塵及び雪害対策の見地から主電動機の冷却風取入れ方式を改良した。

これらの対策工事は第2次車（昭和36年度利用債車）の主抵抗器冷却風取入口ビニロックフィルター化や主電動機冷却風取入口改良等の設計変更へと反映された。また、その後の耐寒・耐雪工事の一環として1960年代後半以降に東京地区（田町電車区）配属車については押込式通風器への取替え工事が施行され、外観上は159系に近い形態となった。

「成田臨」の通称で呼ばれる初詣列車に使用される155系。アコモデーション改造される直前の姿。

1973.1.9 佐倉
P：五十嵐六郎

名古屋駅を出発する明石発品川行1134M「きぼう」。車両は1958(昭和33)年度に「ひので・きぼう」新設用に新製されたクハ155-7(先頭)ほか。
1963.4.1　名古屋　P：三宅俊彦

4.2　万人に愛された修学旅行電車

運転開始当初は臨時列車の扱いだった「ひので」「きぼう」は、昭和35年６月ダイヤ改正で不定期列車に昇格するとともに、東京から帰途列車となる下り「きぼう」が東京始発になるなどの改善が図られた。そして155系の編成が増強された1961年秋期(昭和36年10月ダイヤ改正)からは下記の時刻で運転されるようになった。蛇足ながらこのダイヤ改正で159系を使用した準急「長良」は「ながら」に改称された。

**■表4-1　昭和36年10月ダイヤ改正
155系修学旅行電車 設定列車一覧**

列車番号・列車名	時　刻	記　事
1131M ひので	8:20　→　15:55	東京始発・神戸終着
1133M きぼう	(19:40)　→　5:48	
	品 川　　京 都	
1134M きぼう	17:59　←　(9:13)	神戸始発
1132M ひので	5:30　←　19:45	

1960(昭和35)年当時は日米安全保障条約改訂をめぐって国内世論が真っ二つに割れ、改訂に反対する全学連のデモ隊が国会議事堂に突入するなど世情は騒然としていた。総評は安保条約改訂破棄や当時の岸内閣退陣を要求して統一ストを指令、国鉄も６月22日の午前０時から７時までのストライキに突入した。しかし組合員も子を持つ親である。子供たちの一生の思い出を壊さないようにとストライキ下でも修学旅行電車は優先的に運転された。この６月22日朝、品川を目指す「ひので」もその例外ではなかったが、品川駅には全学連のデモ隊約三千人がひしめいていた。生徒たちに万一のことがあったらと、関係者が心配するなか、品川駅に到着した上り「ひので」を全学連のデモ隊は拍手と歓声で出迎えた。一方、その折返しとなる下り「ひので」には、品川までバスで移動した生徒たちを乗せ、何事もなかったように定時に発車していった。東西冷戦を背景にイデオロギー闘争華やかなりし時代だったが、修学旅行電車はその壁を超えて万人に愛されたのである。

1963年11月９日、東海道本線鶴見～新子安間で死者162名を出した不幸な脱線・衝突事故が発生した。いわゆる鶴見事故であるが、この影響で東海道本線は翌10日の夕刻まで不通となり、この間に東京を発着する東海道本線の優等列車はほとんどが運休、10日の朝に品川を発車する「ひので」の運転も危ぶまれた。しかしその日の生徒たちは10日の早朝に開通した京浜東北線と湘南電車を乗り継いで大船まで移動し、横浜で運転を打ち切り東京までの輸送は京浜急行に託した上り「ひので」の折返しとして、大船始発で仕立てられた「ひので」の乗客となった。万難を排してもという執念にも似た関係者の思いの現れだった。鶴見事故の影響で運休した他の集約臨の乗客、つまり本来は乗車予定のなかった他県の生徒も「ひので」に便乗し、車内は甚だしい混雑だったが、国鉄史上最大級となった鶴見事故の混乱のさなかでも修学旅行電車は運転されたのである。

シーズンオフにサロ153形を組み込んで運転された準急「ながら」。159系を使用した臨電では最もよく知られる列車でもある。
1963.8.10　平塚　P：星　晃

「ひので」「きぼう」は、1961年秋期から12両運転に増強されていたが、いわゆるベビーブーマーが中高生となる1964～66年度は輸送量がピークを迎えた。この対策として「ひので」「きぼう」の16両化が必要となったが、8M8Tで運転するためには変電所の増強が必要となり、

①案 修学旅行電車のみ編成増強する案
②案 当時ひっ迫していた東海道電車急行の編成増強（12両→15両化）も同時に行う

が比較検討され、２案では投資額が膨大になることや将来の手戻りが大きいことから断念して１案に決定された。２案となっていたら、東海道電車急行の増強用として幻の形式で終わった163系（モハ163・162、サハ163形）が増備されたのだろうかという後世の鉄道愛好家の独り言はさておき、関ヶ原～篠原間の変電所容量増強が完成した1964年度春期輸送から「ひので」「きぼう」が16両で運転されるようになったのである。

「わかば」は「きぼう」の救済として昭和40年に増発された。同時期に増発された東京発着の「わかくさ」が167系を使用したのに対し、「わかば」は155系が使用された。
1965.5　P：星　晃

165系をベースに修学旅行電車としての装備が施された167系。「わこうど」は山陽地区と東京を結ぶ修学旅行用列車。
1967.10　大阪　P：星　晃

4.3　全盛期を迎えた修学旅行電車

1964(昭和39)年7月に山陽本線の全線電化が完成、同年10月ダイヤ改正で電車特急・急行が運転を開始した。これと時を同じくして広島・山口両県用修学旅行専用車両の製作を陳情していた広島県修学旅行委員会の労が実り、山陽本線と関西・東京を結ぶ修学旅行電車が誕生することになった。一方、電車列車の本格的な山岳線区進出に伴い中長距離電車の主電動機出力が見直され、大出力主電動機と抑速発電ブレーキを搭載した主回路システムが1962年度に誕生した165系で実用化されていたことから、山陽地区用の修学旅行電車も他の中長距離電車と同様に主電動機をパワーアップし、165系を修学旅行輸送に適するよう159系と同様な設計変更を施した新形式の167系がお目見えした。167系の車体設備は、159系と同様な構造の休養室を除けば165系と同一で、デッキ部の飲料水タンクや洗面所などは159系の設備が継承されている。シーズンオフの運転を考慮して、モハ164形800番代と同様にパンタグラフ取付部のみ低屋根とし、塗分けはもちろん黄色とライトスカーレットの修学旅行色が継承された。

昭和40年10月ダイヤ改正で修学旅行電車は新鋭の167系を使用した東京発着の「わかくさ」と155系増備車を使用した京阪神発着の「わかば」が、翌1961年4月には167系を使用した山陽地区と東京を結ぶ「わこうど」(中学生用列車は京都～下関間の「友情」、小学生用列車は広島～下関間の「なかよし」)が増発され、計6往復が運転されるようになった。ちなみに修学旅行電車列車は普通列車の扱いであったが、同年4月から急行列車の扱い(したがって急行料金が必要)となった。

■表4-2　昭和41年4月ダイヤ改正
155・159系修学旅行電車 設定列車一覧

列車番号・列車名	時　刻	記　事
3131M ひので	8:18 → 15:51	
	品川　京都	
3134M ひので	5:03 ← 19:45	
3135M きぼう	19:49 → 6:27	
	品川　明石	
3138M きぼう	17:59 ← 8:38	
3137M わかば	21:15 → 8:35	
	東京　明石	
3136M わかば	19:21 ← 10:45	品川終着
3341M こまどり	14:41 → 20:44	
	東京　大垣	
3342M こまどり	12:43 ← 6:36	

■クハ155(アコモデーション改造車)形式図　　所蔵：福原俊一

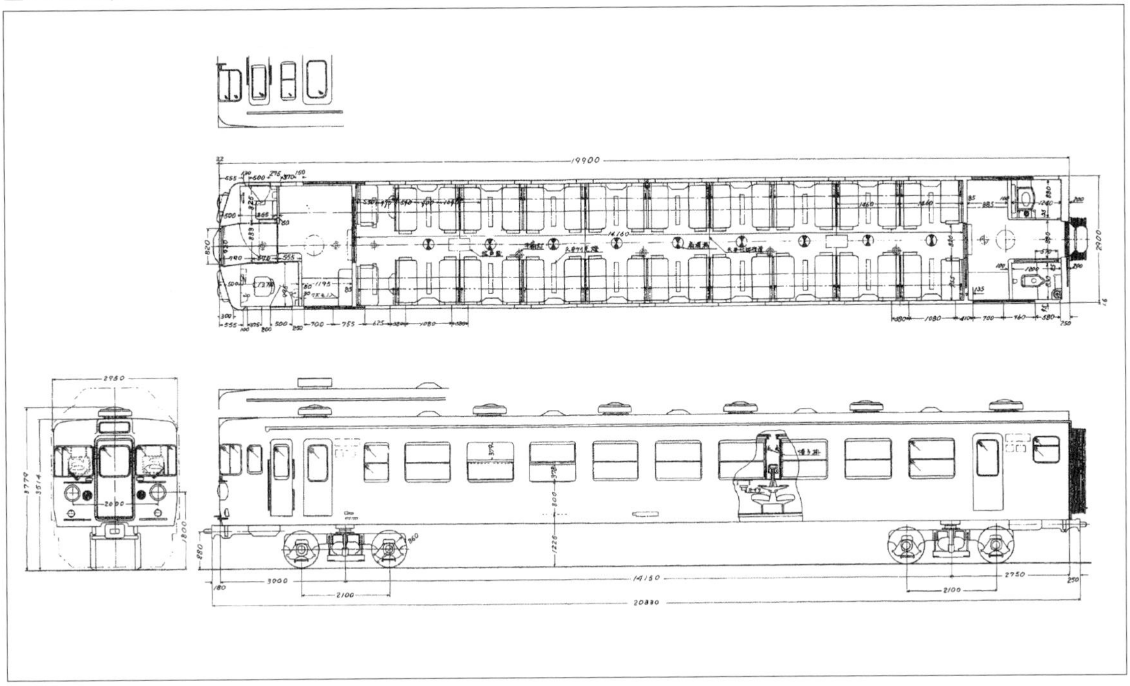

5. 155・159系の変遷

5.1 「ひので」「きぼう」の終焉

1964(昭和39)年の東海道新幹線開業後も「ひので」「きぼう」は快走を続けたが、1960年代後半には新幹線の利用を学校側は要望するようになっていた。修学旅行には中学生72時間、高校生96時間という文部省(当時)の定めた時間枠があり、移動時間を節減できるメリットが大きいためだった。1968年には「ひので」号十周年記念式が日本修学旅行協会の主催で催されたが、この年から高校生は新幹線を利用するようになっていた。中学生の修学旅行でも新幹線を利用できるよう日本修学旅行協会などの関係者が国鉄へ陳情を重ねた結果、中学生50％、高校生20％の新幹線料金割引が適用される運びとなり、1971年３月16日「こだま391号」が修学旅行生を乗せて東京を発車した。

「万博輸送が終了した当時の新幹線には輸送力に少しゆとりができていました。そこで国鉄が指定する期間や列車などの条件を満たす場合に限って、新幹線特急料金の割引を適用することに決まったのです」と、須田さんはいきさつを説明した。修学旅行輸送の新幹線への移行に伴い、「ひので」「きぼう」の廃止も決まり、1971年10月を最後に国鉄線上から姿を消したのである。

5.2 アコモデーション改造工事

「ひので」「きぼう」廃止に伴い、155系は一般の急行形電車に準じたアコモデーションへの改造工事が1973(昭和48)～76年度にかけて施行された。主な改造施行要目は以下に示す通りである。

(１)シートを急行形電車に準じた２人掛に取替えた。これに伴い、荷物棚を一般車同様長手方向式に変更した。

(２)出入台部の飲料水タンク・くずもの入れ及びTc車前位寄りの添乗員用シートを撤去した。

(３)出入台部の洗面所及び男子用小便所を撤去し、化粧室へ改造した。

(４)車体外部色を湘南色へ変更し、塗分けも東海形に準じたラインに変更した。

このアコモデーション改造工事に伴い自重・定員は表5-1のように変更されたが、形式番号は変更されず従来のままで、低屋根と室内の車体横手方向の蛍光灯配列等に面影を残していた。なおアコモデーション改造工事は京阪神地区(宮原電車区)配属車が先行して施行されたが、これは155系のアコモデーションを改造して波動用に転用し、捻出した165系を昭和48年７月ダイヤ改正での中央西線電化用として165系を転用するためだった。

そして78年度には「車両塗色及び標記基準規程」が改正(昭和53年９月27日付　工達第１号)されて修学

クハ155-18(アコモデーション改造工事車)。アコモデーション改造後の155系は、東海形と同様な塗分けに変更された。写真のクハ155-18(昭和39年度第３次債務発注車)は前位寄り通風器が箱形に変更されている。 P：福原俊一

旅行色は規程上からも廃止、これに伴い159系・167系も湘南色に塗色変更され、修学旅行色は消滅してしまった。

■表5-1　155系主要諸元(アコモデーション改造後)

	モハ155	モハ154	クハ155	サハ155
定員	84	84	76	84
自重(t)	36.8	35.3	29.7	27.9
記事				

アコモデーション改造後の155系(田町電車区所属)による臨時急行「伊豆」。 1979.5.6　新子安　P：松尾よしたか

田町電車区から始発の品川駅へ入線する臨時修学旅行列車「こまどり」(大垣電車区所属159系、復路8311M)。臨時列車に格下げされた1974年以降も「こまどり」は運転が続けられた。
1978.6.11　品川　P：松尾よしたか

155系はアコモデーション改造後も蛍光灯の配置は変更されることはなく、修学旅行電車時代の面影を残していた。
1975.6.21　P：荻原二郎

159系「こまどり」の側面サボ。
1978.6.11　品川　P：松尾よしたか

〈右頁写真説明〉

湘南色に塗色変更途上(上)と塗色変更後(下)の159系。車両塗色及び標記基準規程の改正に伴い159系も湘南色への変更が進められた。当初は写真上の最後部車両(クハ159-3または5と推定される)のように修学旅行色の塗分けのまま湘南色に変更されたが、最後に塗色変更されたクハ159-1だけは写真下のように155系アコモデーション改造車と同様な塗分けに変更された。一説によると、当初の塗分けは113系と紛らわしいと現場から指摘があったことから変更されたといわれているが、159系は湘南色変更から２年弱で全車廃車されてしまった。

ところで「こまどり」は1974年の運転終了後も継続して運転された。写真では紹介できないが、1979年に運転された159系臨時列車にも「こまどり」のサボが掲出されていたことは確認されており、159系の廃車時期を考えると「こまどり」として運転されたのは、この1979年が最後と思われる。

なお「こまどり」は1993年まで運転されたが、159系廃車後は165系などの一般車が使用されたことはいうまでもない。

湘南色に塗色変更途上の159系。　1979.6.9　品川―大井町　P：松尾よしたか

塗色変更後のクハ159-1。　1980.4.2　共和　P：佐藤哲也

155系を使用した急行「東海」。アコモデーション改造後の155系は豊橋～大垣間の快速運用や急行「東海」運用などに使用された。写真は先頭3両が155系で組成された急行「東海」。低屋根や通風器形状などに155系の面影が残されていた。

1976.10.5　熱海―湯河原　P：長谷川　明

5.3　155・159系の引退

「ひので」「きぼう」廃止後に残った修学旅行電車列車も新幹線の延伸や修学旅行の多様化など様々な背景から、1972(昭和47)年10月に「わかくさ」「わかば」、74年には「こまどり」と櫛の歯が欠けるように廃止がすすみ、孤塁を守った167系修学旅行電車も山陽新幹線博多開業に伴う昭和50年３月のダイヤ改正までには全列車廃止されてしまった。しかし延べ八百万に及ぶ生徒を輸送した修学旅行電車は列車史に大きな足跡を残しただけでなく、楽しい思い出というかけがえのない財産を生徒たちに残したのである。

修学旅行電車としての使命を終えた155・159系は快速運用や団臨運用を主体に転用された。155系の宮原電車区配置車は、159系が配置された大垣電車区に1974年度に移動し、159系とともに豊橋～大垣間の快速運用や急行「東海」運用などに使用された。

しかし1980年代には初期の新性能電車の陳腐化が著しくなり、淘汰が本格化する時代を迎えた。155・159系もご多聞に漏れず置替えの対象となり、もとより小所帯であったためそのテンポは早く前者は1983年度に、後者は1980年度に全形式消滅してしまった。両系列とも事故廃車及び形式番号の変更を伴う改造車は１両も発生せず、冷房改造工事をはじめとした大規模な工事も施行されることなく、ひっそりと生涯を閉じた。

（完）

■表5-2　155・159系修学旅行電車列車 輸送実績

列車愛称名	運転期間	輸送人員（千人）	使用車両	記　事
ひので	1959（昭和34）年 4月～1971年10月	2,403	155系	
きぼう	1959（昭和34）年 4月～1971年10月	1,809	155系	
こまどり	1961（昭和36）年 4月～1974年	1,528	159系	1974年以降も臨時列車として運転
わかば	1965（昭和40）年10月～1972年4月	451	155系	
わかあゆ	1966（昭和41）年11月～1971年10月	78	159系	豊橋（名古屋）～下関間で運転

■155系修学旅行電車列車 車歴表

形式：モハ155

番号	新製・配置		アコモデーション改造		用途廃止
1	汽車 34. 3.11	田町	松任工 48. 6.28		55. 9.24 工車達第 604号
2	汽車 34. 3.28	田町	大井工 52. 3.15	富士重工施行	56. 2. 6 工車達第1149号
3	日車 34. 3.28	田町	大井工 52. 3.15	富士重工施行	56. 2. 6 工車達第1149号
4	日車 34. 3.25	宮原	郡山工 48. 3.30		55.10.29 工車達第 744号
5	日車 34. 3.25	宮原	郡山工 48. 3.30		55. 5.30 工車達第 143号
6	日車 34. 3.25	宮原	吹田工 48. 7. 3		55. 9.24 工車達第 604号
7	日車 36. 9.22	田町	大井工 52. 3.31	富士重工施行	56. 3.14 工車達第1360号
8	日車 36. 9.22	宮原	郡山工 48. 7.17		55. 3. 1 工車達第1239号
9	日車 39. 3. 5	田町	大井工 52. 3.31	富士重工施行	57. 2.18 工車達第1152号
10	日車 39. 3. 5	宮原	吹田工 48. 3.31		55.10.29 工車達第 744号
11	日車 40. 5.17	宮原	鷹取工 48. 6.22		59. 1.19
12	日車 40. 5.17	宮原	幡生工 48. 7. 5		59. 1.19

※モハ155-1～6の旧番号は掲載を省略

形式：モハ154

番号	新製・配置		アコモデーション改造		用途廃止
1	汽車 34. 3.11	田町	松任工 48. 6.28		55. 9.24 工車達第 604号
2	汽車 34. 3.28	田町	大井工 52. 3.15	富士重工施行	56. 2. 6 工車達第1149号
3	日車 34. 3.28	田町	大井工 52. 3.15	富士重工施行	56. 2. 6 工車達第1149号
4	日車 34. 3.25	宮原	郡山工 48. 3.30		55.10.29 工車達第 744号
5	日車 34. 3.25	宮原	郡山工 48. 3.30		55. 5.30 工車達第 143号
6	日車 34. 3.25	宮原	吹田工 48. 7. 3		55. 9.24 工車達第 604号
7	日車 36. 9.22	田町	大井工 52. 3.31	富士重工施行	56. 3.14 工車達第1360号
8	日車 36. 9.22	宮原	郡山工 48. 7.17		55. 3. 1 工車達第1239号
9	日車 39. 3. 5	田町	大井工 52. 3.31	富士重工施行	57. 2.18 工車達第1152号
10	日車 39. 3. 5	宮原	吹田工 48. 3.31		55.10.29 工車達第 744号
11	日車 40. 5.17	宮原	鷹取工 48. 6.22		59. 1.19
12	日車 40. 5.17	宮原	幡生工 48. 7. 5		59. 1.19

※モハ154-1～6の旧番号は掲載を省略

形式：クハ155

番号	新製・配置		アコモデーション改造		用途廃止
1	汽車 34. 3.11	田町	松任工 48. 6.11		55.10.29 工車達第 744号
2	汽車 34. 3.11	田町	松任工 48. 6.11		55.11.28 工車達第 914号
3	汽車 34. 3.28	田町	大井工 52. 3.15	富士重工施行	56. 2. 6 工車達第1149号
4	汽車 34. 3.28	田町	大井工 52. 3.15	富士重工施行	56. 2. 6 工車達第1149号
5	日車 34. 3.25	宮原	郡山工 48. 3.30		55. 1.31 工車達第1128号
6	日車 34. 3.25	宮原	郡山工 48. 3.30		55. 7.29 工車達第 382号
7	日車 34. 3.25	宮原	郡山工 48. 3.30		55. 8.25 工車達第 492号
8	日車 34. 3.25	宮原	吹田工 48. 7. 3		55.11.28 工車達第 914号
9	日車 36. 9.22	田町	大井工 52. 3.31	富士重工施行	56. 3.14 工車達第1360号
10	日車 36. 9.22	田町	大井工 52. 3.31	富士重工施行	56. 3.14 工車達第1360号
11	日車 36. 9.22	宮原	郡山工 48. 7.17		55. 4.30 工車達第 45号
12	日車 36. 9.22	宮原	郡山工 48. 7.17		55. 6.28 工車達第 271号
13	日車 39. 3. 5	田町	大井工 52. 3.31	富士重工施行	57. 2.18 工車達第1152号
14	日車 39. 3. 5	田町	大井工 52. 3.31	富士重工施行	57. 2.18 工車達第1152号
15	日車 39. 3. 5	宮原	幡生工 48. 7. 5		55.10.29 工車達第 744号
16	日車 39. 3. 5	宮原	幡生工 48. 7. 5		55.10.29 工車達第 744号
17	日車 40. 5.17	宮原	吹田工 48. 5. 8		59. 1.19
18	日車 40. 5.17	宮原	吹田工 48. 5. 8		59. 1.19
19	日車 40. 5.17	宮原	鷹取工 48. 6.22		59. 1.19
20	日車 40. 5.17	宮原	鷹取工 48. 6.22		59. 1.19

※クハ155-1～8の旧番号は掲載を省略

形式：サハ155

番号	新製・配置		アコモデーション改造		用途廃止
1	汽車 34. 3.28	田町	大井工 52. 3.15	富士重工施行	56. 2. 6 工車達第1149号
2	汽車 34. 3.28	田町	大井工 52. 3.15	富士重工施行	56. 2. 6 工車達第1149号
3	日車 34. 3.25	宮原			55. 8.25 工車達第 492号
4	日車 34. 3.25	宮原			55. 7.29 工車達第 382号

※各車両の旧番号は掲載を省略

形式：モハ159

番号	新製・配置		用途廃止
1	日車 36. 3.22	大垣	55. 1.31 工車達第1128号
2	日車 36. 3.29	大垣	55. 3.12 工車達第1346号
3	日車 36. 3.29	大垣	55. 1.31 工車達第1128号
4	日車 37. 3.29	大垣	55. 6.28 工車達第 271号

形式：モハ158

番号	新製・配置		用途廃止
1	日車 36. 3.22	大垣	55. 1.31 工車達第1128号
2	日車 36. 3.29	大垣	55. 3.12 工車達第1346号
3	日車 36. 3.29	大垣	55. 1.31 工車達第1128号
4	日車 37. 3.29	大垣	55. 6.28 工車達第 271号

形式：クハ159

番号	新製・配置		用途廃止
1	日車 36. 3.22	大垣	55. 6.28 工車達第 271号
2	日車 36. 3.22	大垣	55. 1.31 工車達第1128号
3	日車 36. 3.22	大垣	55. 4.30 工車達第 45号
4	日車 36. 3.29	大垣	55. 3.12 工車達第1346号
5	日車 37. 3.29	大垣	55. 3. 1 工車達第1239号
6	日車 37. 3.29	大垣	55. 4.30 工車達第 45号

形式：サハ159

番号	新製・配置		用途廃止
1	日車 36. 3.29	大垣	55. 5.30 工車達第143号
2	日車 36. 3.29	大垣	55. 6.28 工車達第 271号

修学旅行電車と生徒たち。
P提供：公益財団法人 日本修学旅行協会

おわりに

155系を使用した「きぼう」は1971(昭和46)年10月17日、「ひので」は10月29日帰着をもって運転を終了し、12年6ヶ月の生涯に幕を閉じた。運転終了を惜しむように「きぼう」号と「ひので」号感謝の集いが東西で開催され、東京都修学旅行委員会・公立中学校長会から国鉄宛ての感謝状が贈られた。乗車した生徒だけでなく多くの関係者から愛された車両だったことを物語るエピソードといえよう。

155・159系修学旅行電車は1両も保存されることなく生涯を終えたが、JR四国多度津工場には3人掛シート1区画が、日本修学旅行協会には「ひので」ヘッドマークが2021年現在も保存されている。修学旅行電車の語り部として、末長く大切に保存されることを願うばかりである。

末尾ながら、当時の思い出をお聞かせいただいた星晃氏、須田 寛氏はじめとする皆様、資料・写真を提供いただいたJR四国、日本車輌製造、日本修学旅行協会にはこの場を借りて厚くお礼申し上げ、修学旅行生の夢をのせてひた走った夢の列車155・159系の足跡をつづった物語の結びとしたい。

福原俊一(電車発達史研究家)

●参考文献
『モハ90形式 新性能電車説明書』(1957年　日本国有鉄道 車両設計事務所)
『東海形電車説明書』(1958年　日本国有鉄道 車両設計事務所)
『ぼくらの修学旅行電車』(1959年　電気車研究会)
『日本修学旅行協会50年史』(2002年　日本修学旅行協会)
『交通技術』各号(交通協力会)
『電気車の科学』各号(電気車研究会)
『電車』各号(交友社)
『修学旅行』各号(日本修学旅行協会)
『鉄道技術用語辞典』(1997年　鉄道総合技術研究所編)
『国鉄・JR列車名大事典』寺本光照(2001年　中央書院)
『鉄道ピクトリアル』各号(電気車研究会)
『鉄道ファン』各号(交友社)

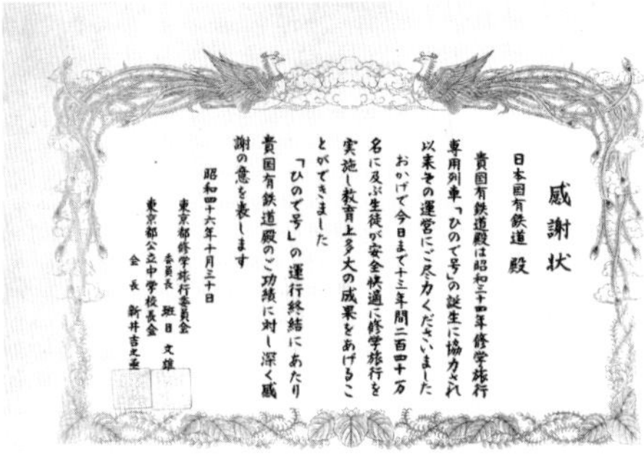
感謝状
日本国有鉄道　殿
貴国有鉄道殿は昭和三十四年修学旅行専用列車「ひので号」の誕生に協力され以来その運営にご尽力くださいました
おかげで今日まで十三年間二百四十万名に及ぶ生徒が安全快適に修学旅行を実施し教育上多大の成果をあげることができました
「ひので号」の運行終結にあたり貴国有鉄道殿のご功績に対し深く感謝の意を表します
昭和四十六年十月三十日
東京都修学旅行委員会
委員長　班目 文雄
東京都公立中学校長会
会長　新井吉之丞

上右：東京都修学旅行委員会・公立中学校長会から国鉄宛てに贈られた感謝状。
上左：「ひので」ヘッドマーク現物。
P撮影協力：公益財団法人 日本修学旅行協会

右：当時の交通博物館で行われた「ひので」号感謝の集い。
P提供：公益財団法人 日本修学旅行協会